U0380705

本书出版受青岛农业大学人文社会科学研究基金资助

互动视域下中国参与国际气候制度建构研究

肖兰兰 著

人 民 出 版 社

目 录

导　论

一、中国参与国际气候制度建构的研究背景及意义

（一）研究背景

近年来随着全球气温的反常表现以及由其所造成的气候灾害事件的频繁发生，加上科学界尤其是政府间气候变化专门委员会（以下简称 IPCC）在评估预测气候变化问题上作出的卓越贡献，国际社会对地球正在变暖这一论断似乎已无太多疑义，减少和控制温室气体排放，"将大气中温室气体的浓度稳定在防止气候系统受到危险的人为干扰的水平上"① 基本上已成为全人类的共识。但由于气候问题本身所具备的政治、经济、安全以及环境等多重属性，目前它已成为世界上影响范围最广泛、利益协调最复杂、应对成本最高昂、与人类命运最"休戚相关"的全球公共问题。而且在目前的能源结构和技术水平条件下，气候问题有可能成为发达国家维护自身利益的新武器，成为发展中国家经济发展及对外贸易中面临的新壁垒，甚至成为未来国际政治经济秩序重构的新要素。

气候问题解决的根本症结在于温室气体排放的"无政府性"和生态领域全球统一性之间的矛盾。由于温室气体排放权不具备明晰的产权界定，在缺

---

① 《联合国气候变化框架公约》（中文版），第 2 条，见 http://unfccc.int/resource/docs/convkp/convchin.pdf。

乏外在约束的条件下，所有国家都根据局部效用最大化原则选择温室气体的排放量，在经济增长模式和能源结构不变的情况下，经济的发展必然带来温室气体排放量的增加，进而这种个体理性导致了集体的非理性，即哈丁提出的"公用地的悲剧"。气候领域"公用地的悲剧"的实质就是个体温室气体排放的强烈的外部性，集体难以将个体的温室气体排放及排放造成的损害物化到排放者的个体成本之中。所以，要想解决气候问题，最根本的就是通过某种方式将这些外部化成本予以合理内化。在当前主权国家林立的无政府状态下，解决气候问题这一全球最棘手的公共问题最现实和最可能的方式就是制度合作，即通过订立国家之间的气候契约，建立国际气候合作制度以规范国家的排放行为。

通过制度合作来解决气候问题，就是通过制度性安排将个体纳入全球集体行动之中，通过减少或控制其温室气体的排放以维持全球经济发展和温室气体排放的总体平衡，保持人类发展和环境承受能力的相对和谐。但由于气候问题的多重属性，国际气候制度安排实质上是对未来各国国际权利和义务的提前分配，直接影响到各国未来经济发展的空间和人民生活水平提高的幅度，甚至影响到各国在未来国际体系中的坐标。因此，主权国家在国际气候制度建构上的较量，尤其是在制度遵循原则、权利义务安排以及制度执行方式等方面的博弈，成为各国参与国际谈判的第一要务。如果我们把国际气候制度界定为国家之间通过联合国气候变化谈判而建立的用以规范相关行为体温室气体排放行为制度的总和，那么可以看到，国际气候制度在过去40年经历了不断的发展演变，确立了一系列多边气候协议及决议，其中作为核心的就是《联合国气候变化框架公约》（以下简称《公约》）、《京都议定书》以及《巴黎协定》。从《公约》《京都议定书》到《巴黎协定》，气候治理的国际制度建构经历了连续性与变化性的统一。就连续性来看，《京都议定书》和《巴黎协定》都是在《公约》框架下谈判和发展演变而来的，《公约》基础性原则——共同但有区别的责任及各自能力原则是其制度建构和实施的基础，由于历史责任、发展阶段、应对气候变化能力的差异，发达国家和发展中国家在其中承担着不同的义务和责任。但从变化性上来看，《巴黎协定》在制度安排和履约模式上又完全不同于《京都议定书》，它是根据国际气候治理的新形势以及各国实际情况的变化发展而适时变化的新成果。

作为气候治理中举足轻重的大国，中国从一开始就积极参与国际气候谈判和国际制度建构。众所周知，气候治理的实质就是限制全球温室气体的排放量。由于人口基数、发展阶段等特殊国情，中国在国际气候治理和国际制度建构中的地位和作用一直受到国际社会的广泛关注。中国是发展中国家，不应承担与发达国家相同性质的责任，但却已成为全球温室气体排放大国；中国属于人均中低收入国家，发展是其第一要务，但已取代日本成为世界上最大的外汇储备国；中国的温室气体排放属于发展排放，将来需要较大的排放空间。中国特殊的国情决定了中国在《公约》《京都议定书》以及《巴黎协定》的谈判和建构过程中，其立场和态度会不同于其他国家。那么，在国际气候制度建构过程中，中国到底发挥了怎样的作用？在《公约》《京都议定书》以及《巴黎协定》的不同谈判阶段，中国态度是否有变化？如果有，是怎样变化的？中国的态度为什么会发生变化？我们如何看待这些变化？本着对世界负责、对子孙后代负责的态度，中国在未来的国际气候治理中又该如何作为？这不仅对中国，而且对整个世界来说都是至关重要的。

当然，中国参与国际气候制度建构的过程，也是与国际气候制度互动的过程。国际气候制度建构的目的就是通过约束相关行为体的行为限制全球温室气体排放，从而促使经济及社会生活方式的低碳化发展。中国参与国际气候制度建构的过程，也是受国际气候制度约束和规范的过程。在中国参与国际气候合作及制度建构的40年当中，国际气候制度在中国是否产生了内化？产生内化的影响因素有哪些？国际气候制度在中国内化过程中产生了哪些影响？对上述问题的探讨不仅是我们客观认知国际气候制度治理效果的重要指标，而且是正确看待中国在国际气候治理进程中角色和作为的重要维度。

基于此，本书拟从互动视角对中国与国际气候制度建构进行研究。首先，分析中国参与国际气候制度建构不同阶段的立场变化以及背后的动因；其次，从科学维度、道义维度以及制度维度三个方面分析中国对国际气候制度建构的具体作用，以及中国参与国际气候制度建构的特点；再次，分析国际气候制度框架下中国是如何被内化和影响的，即国际气候制度在中国内化的表现、内化的动力以及内化的影响；最后，在探讨后巴黎时代国际气候制度发展变化的基础上思考中国的战略选择和作为。

（二）研究意义

中国参与国际气候制度建构研究，不仅关涉国际气候制度的治理效力，而且影响到包括中国在内的世界各国经济未来发展的战略空间，相当程度上还关系到全球公共问题治理的制度化走向，具有重要的理论价值和现实意义。

就问题领域来看，本书的研究对构建更加符合现实需求的国际气候制度，提升国际气候治理制度的效力和能力，促进日趋严重的全球气候问题更好更快的应对具有重要的政策参考和智力支持价值。气候问题的生态统一性和排放成本的外部性使得气候问题的全球治理与主权国家管辖之间形成了不协调甚至相互冲突的一面。来自个体国家的某些排放行为可能会威胁到邻国甚至整个国际社会。在治理权威缺失的状态下，国际合作治理成为解决此类全球公共问题的必然选择。作为一种功能性和建构性的国际制度，国际气候治理制度安排并不具有法律强制效力，它只是气候领域中所形成的"一系列隐含的或明确的原则、规范、规则及决策程序"①。但气候治理制度的

---

① 〔美〕罗伯特·基欧汉：《霸权之后：世界政治经济中的合作与纷争》，苏长和等译，上海世纪出版集团 2012 年版，第 57 页。

"独立性"可以使其通过汇聚个体行为预期、提供信息沟通渠道、降低相互交易成本、赋予其政策行动的合法性、改变个体利益偏好的服务功能和建构国际规范、塑造行为偏好和促进身份转化的建构功能，对参与国际气候制度的主权国家的传统理念和行为方式造成巨大冲击，促使各国调整并重新定位国家利益和国际战略，努力实现气候制度与国家行为的互构。目前，气候问题的日趋严重与国际气候治理制度的供给缺失和应对滞后密切相关。所以，从国际制度与国家行为互动的视角加强对中国与国际气候制度建构的研究和探讨，具有较强的现实意义和需求。

就中国来看，本书的研究有利于中国更好地认知气候治理与主权国家话语权建构之间的深层联系，认识到中国气候话语权建构对中国自身及国际气候治理的重要影响，总结经验，吸取教训，为后续气候治理合理身份定位并在此基础上提升自身的气候治理话语权提供借鉴和启迪。众所周知，随着中国经济实力的增长和各方面重量级地位的提升，国际社会中有关"中国威胁论""中国崩溃论""中国环境公害论"以及"中国环境威胁论"等各种负面的言论甚嚣尘上，反映出西方大国大肆渲染、企图转嫁压力和责任的企图，也不乏对中国经济发展模式的诋毁。伴随全球化的推进与全球问题的加剧，国际社会也对中国承担其相应的国际义务注入了更多的责任与期待。面对这一对人类生产和生活方式产生全方位、多尺度和深层次影响的全球公共问题，中国在气候治理中的作为日益成为全球关注的焦点与核心。气候治理给中国话语权建构带来的机会和挑战是什么？中国的科学话语权、道义话语权和制度话语权对国际气候治理制度建构产生了什么影响？未来气候治理中中国该如何恰当定位并在此定位下提升自己的国际气候话语权？诸如此类问题都是中国参与国际气候治理过程中不容忽视的现实问题。

就全球治理来看，全球治理的形式和内容决定了国际社会气候治理的基本形态，影响到国际政治经济秩序的重构；而从单个国家层面上讲，气候治理的形式和内容决定了主权国家在应对气候变化中相关权利、义务的分配状态，决定了国家今后在国际政治经济秩序中的座次。本书对该议题的研究有利于我们更好地理解在主权国家林立的无政府状态下国际治理机制建构过程中话语权博弈的激烈状态，更好地理解气候治理过程中公平与效率、规范主义与工具主义之间的平衡，为未来全球性问题制度化治理提供借鉴和思考；该议题领域的研究和探讨不仅对后续国际气候谈判的走向和气候制度的再建构产生深远影响，而且对整个国际社会的发展、国际政治经济秩序的重构也产生很大影响。作为世界上最大的发展中国家和温室气体排放大国，中国能否提升其在气候治理的主导力和影响力，能否将自身治理理念与义利观整合到后续国际气候治理的制度设计之中，能否在后续国际气候治理制度建构中留有更多"中国烙印"，较大程度上关系到国际气候治理的未来发展趋势。

二、中国参与国际气候制度建构的国内外研究述评

自全球气候变化问题被提上国际政治议程以来，已经有很多文献运用不同理论流派的国际机制理论，来分析国际气候治理机制的形成、规模、有效性和影响因素。[①] 这些分析有助于从整体上观察和发现国际气候制度建构的一般规律，但往往因为过于强调国家的共性而忽略了它们各自不同的特征，从而难以对国家行为的多样性作出有力的解释。[②] 但主权国家的参与尤其是主权国家实际的政策和行为决定了国际气候合作的效果。因此，理解主权国家的气候外交政策对于研究国际气候合作至关重要。作为最大的发展中国家和温室气体排放大国，中国参与国际气候谈判及气候制度建构一直是国内外学术界关注的重要议题。

---

① Oran R. Young, *International Governance: Protecting the Environment in a Stateless Sciety*, Ithaca, New York: Cornell University Press, 1994; Oran R.Young, *Institutional Dynamics: Emergent Patterns in International Evnironmental Governance*, Cambridge: The MIT Press, 2010; Mattew Paterson, *Global Warming ad Global politics*, London: Rutledge, 1996.

② 薄燕、高翔:《中国与全球气候治理机制的变迁》，上海人民出版社 2017 年版，第 12 页。

（一）国外相关研究现状

鉴于最大的发展中国家身份，中国参与国际气候治理的立场、态度及政策等内容一直是西方学术界关注的重点。早在 1994 年，里斯托弗森（Christoffersen）就在其博士论文中对中国的气候谈判政策进行分析。但总体而言，西方学术界对中国气候立场和政策的广泛关注发生在 2000 年之后。主要包括以下几类：

1. 对中国气候谈判立场及影响因素的研究

（1）基于利益认知的视角。持这种观点的学者认为，中国在国际气候谈判中的立场及其影响因素是基于收益成本的计算。2005 年挪威南森研究所（The Fridtjof Nansen Institute）的一份研究报告《国际气候政治中的中国：一种外交政策的分析视角》比较全面系统地考察了自 20 世纪 80 年代以来中国政府在气候问题上的态度及发展变化。作者提出，在所有相关性的影响因素中，经济利益和经济增长似乎是中国气候政策的决定性因素。考虑到中国对能源需求的大量增长以及近期中国能源结构转变的有限性，中国在短期内不可能接受绑定减排义务。[1] 与上述观点相近的还有挪威学者何秀珍（Gorild Heggelund），她指出中国经济发展对能源需求量的巨大增长是影响中国气候立场的最根本性的原因。[2] 随着中国整体技术水平的提高、气候脆弱性和敏感性的增强，以及国家利益中对软权力追求的偏重，其气候领域的政策立场可能会发生潜在的、持续的变化。[3] 彼特·克里斯托弗（Peter Christoff）指出，国内发展的需求和压力、作为全球经济最重要的制造业中心的卓越地位，以及中国成为全球超级大国的抱负，是影响中国气候立场

---

① Ida Bjørkum, *China in the International Politics of Climate Change: A Foreign Policy Analysis*, FNI report, Dec.2005, http://www.eldis.org/vfile/upload/1/document/0708/DOC20847.pdf.

② Gorild Heggelund, "China's Climate Change Policy: Domestic and International Development", *Asian Perspective*, Vol. 31, No. 2, 2007, pp. 155-191.

③ Jonathan B. Wiener, "Climate Change Policy and Policy Change in China", *UCLA Law Review*, Vol.55, (2008), pp.1805-1826.

的决定性因素。① 也有学者从中国国内经济的角度进行了解释。他们认为中国向经济新常态转型的国内背景为中国提供了重大机遇，这使得中国重新把气候变化作为国际关系中的优先性问题，并加强与美国等国家的双边合作。②

（2）基于国内政治博弈的视角。从政治角度进行研究的范式特别强调中国国内的政策过程对气候变化决策的影响。很多西方学者认为政府部门模式最有利于分析中国早期的气候政策变化。该模式把政府部门的结构作为政策过程的关键要素，认为政策结果在很大程度上是部门间竞争的结果。③ 这类研究文献确认了中国气候变化政治中最重要的部门包括：国家发展和改革委员会、外交部、中国气象局、科学技术部和国家环境保护总局。④很多学者都注意到，中国在《巴黎协定》达成过程中发挥了更加积极的、更具建设性的作用。他们认为这可以归因于中国解决国内环境问题和推动能源供应多元化的需要，而应对这两方面的需要都有助于应对气候变化。但是地方政府在这两个问题上比中央政府行动滞后，对由此可能带来的政治经济利益重组持慎重态度，而此举可能会阻碍国家碳减排目标的实现，因此，中国对这两个领域进行改革与它减缓气候变化的承诺密不可分。⑤ 丹尼尔·阿贝（Daniel Abebe）和乔纳森（Jonathan S.）分析指出，中国内部

---

① Peter Christoff, "Cold climate in Copenhagen: China and the United States at COP15", *Environmental Politics*, Vol. 19, No. 4, (2010), 637–656.

② Isabel Hilton et al., "The Paris Agreement: China's 'New Normal' role in international climate negotiations", *Climate Policy*, Vol.17, No.1, (2017), pp.48-58.

③ Michael T. Hatch, "Chinese Politics, Energy Policy, and the Intenational Climate Change Negotiations", in *Global Warming and East Asia: The Domestic and Interantioal Politics of Climate Change*, Paul G. Harris（ed.）, Routledge Curzon, 2003, pp.43-45.

④ Joakim Nordqvist, "China and Climate Cooperation——Prospects of the Future: A 2004 Country Study for the Swedish Environmental Protections Agency", 2005, http://www.naturvardsverket.se/Documents/publikationer/620-5448-1.pdf.

⑤ Anthony H. F. Li, Anthony H. F., "Hopes of Limiting Global Warming? China and the Paris Agreement on Climate Change", *hina Perspectives*, No.1, (2016), pp.49-54.

治理结构、东西部省份在发展上的差异，是制约中国加入受益不大的国际协议的重要因素。①

（3）基于社会学习和认知的视角。该分析视角加入了建构主义的要素，假设决策者在决策过程开始时对信息的掌握是不完全、不充分的，随着知识的更新、社会学习以及理念的传播，即使没有外生因素的影响，决策者自身对问题的看法也会发生变化，从而影响其谈判立场。有学者认为，中国在气候变化问题上的国际立场发生了巨大变化，从被动到中立，从参与到更加主动的角色转变，除了日益增加的国际压力，中国开始意识到自身环境问题的可怕后果。人们越来越认识到，应对全球变暖趋势必须是一项全球性努力，中国必须成为解决方案的一部分。②

（4）其他视角。乔安娜·路易斯（Joanna I. Lewis）研究认为，气候问题对中国经济、政治乃至地区安全都将产生巨大的负面影响，而且这种影响可能因中国自身的规模而拓展到地区和全球层面。所以从国家安全的角度着想，中国也会加强对气候问题的关注。③ 波茨坦大学米里亚姆·施罗德（Miriam Schröder）则从非政府组织的角度探讨了中国政府气候立场的演变路径。他认为，虽然中国境内的非政府组织得不到其政府的政策支持，但它们对政府立场的影响力度却在加大，部分原因是这些非政府组织可以通过与外界的国际环境组织和认知共同体联系而施加其影响。④ 阿姆斯特丹大学博士斯戴夫·奥佛（Stef Hoffer）在其毕业论文《谈判中的国家？国际气候政

---

① Daniel Abebe, Jonathan S. Masur, "International Agreements, Internal Heterogeneity, and Climate Change: The 'wo Chinas' Problem", *Virginia Journal of International Law*, Vol.50, No.2, （2010）pp. 325-389.

② Wenran Jiang, "China Takes Up Global Leadership Role on Climate Change", *Geopolitics of Energy*, Vol.31, No.11-12, （2017）, pp.16-20.

③ Joanna I. Lewis, "Climate Change and Security: Examining China's Challenges in a Warming World", *International Affairs*, Vol.85, Issue 6, （2009）, pp.1195-1213.

④ Miriam Schröder, "Transnational NGO cooperation for China's Climate Politics", http://www.2007amsterdamconference.org/Downloads/AC2007_Schroeder.pdf.

治中中国立场的影响因素》中运用理想主义、现实主义和建构主义等相关理论探讨和分析了中国气候立场的影响因素。作者认为国内层面的影响因素主要有环境组织、大众媒体和因特网，汽车产业和石油煤炭行业等；国际层面的影响因素则有国家实体（如美国、欧盟）、政府间组织（如 G77）、世界银行、世界气候组织、非政府间组织（如绿色和平运动）、世界自然生物基金和地球之友等。①

2. 对中国在国际气候谈判中的作用及角色方面的研究

作为世界上最大的发展中国家和温室气体排放大国，中国在国际气候谈判中的角色和影响力一直是国际社会关注的重点。张忠祥（ZhongXiang Zhang）是世界上研究中国环境、能源问题的知名专家学者，他对中国在应对气候变化问题上的贡献给予了充分肯定。他在早期作品《中国能否承担限额减排——一种政治经济的分析》中驳斥了中国在气候问题上"搭便车"行为的论断，并用具体的数据证明中国在控制温室气体排放方面作出了重要贡献。② 芭芭拉·布赫纳（Barbara Buchner）等人主要从经济学角度探讨了中国加入《京都议定书》后对国际社会产生的影响，尤其是中国加入国际碳市场对欧盟、美国、日本以及俄罗斯等主要国家(实体）的影响。文章认为，中国加入国际碳市场，将会有利于欧盟和日本降低其减排成本，但可能会影响俄罗斯因热空气拍卖而获得的收益。作者还提出，即使中国加入国际碳市场，美国在短期内也难以重返京都国际气候制度。③ 瓦伦蒂娜·博塞蒂（Valentina Bosetti）等人将中国放在自变量的位置，探讨中国温室气体减排对国际气候谈判和全球气候治理的影响，并提出中国承担减排义务将会是国际气

① Stef Hoffer, "Negotiating the State? Influencing China's Role in International Climate Change Politics", http://dare.uva.nl/document/156212.

② Z.X. Zhang, "Can China Afford to Commit itself an Emissions Cap? An Economic and Political Analysis", *Energy Economics*, Vol.22, Issue 6, (2000), pp. 587-614.

③ Barbara Buchner and Carlo Carraro, "China and the Evolution of the Present Climate Regime", http://www.feem.it/userfiles/attach/Publication/NDL2003/NDL2003-103.pdf.

候谈判的转折点。① 中国大规模部署低排放技术正在降低向全球低碳经济过渡的成本，中国新的排放轨迹改善了国际社会实现 2℃ 温控目标的机会。②

也有学者对中国在气候治理上的作用持较为负面的态度。卡尔·何丁（Karl Hallding）等人提出，随着气候变化日益主导全球议程，中国面临着在气候受限的世界中塑造新的增长道路的挑战，但中国的气候和能源政策充其量只是对现有能源和环境战略的"重新包装"（repackaging）。③ 中国的温室气体减排只是为了降低能源成本、提高能源安全而实施的能源政策和交通措施的副产品。④

哥本哈根会议之后，有关新兴大国在气候治理中的角色和作用成为讨论的焦点。安德烈·赫瑞尔（Andrew Hurrell）和桑德普·森古普塔（Sandeep Sengupta）认为，尽管新兴国家已经在国际和国内发起并提出了应对气候变化的更大行动，但它们无法迫使工业化世界在这一问题上采取更为严肃的行动，或阻止它们对《公约》几个关键要素的弱化或拆解。⑤ 美国宣布退出《巴黎协定》后，中国在气候治理中的角色和地位进一步凸显出来。如罗伯特·基欧汉就指出美国退约对全球影响力产生非常大的负面影响，但有利于中国提升气候影响力。⑥ 阿德里安·劳奇·弗莱什（Adrian Rauchfleisch）和

---

① Valentina Bosetti, Carlo Carraro and Massimo Tavoni, "A Chinese Commitment to Commit: Can it Break the Negotiation Stall?", http://cmi.princeton.edu/bibliography/related_files/bosetti_carraro_tavoni_2009_Chinese.pdf.

② Ross Garnaut, "China's Role in Global Climate Change Mitigation", *China and World Economy*, Vol.22, No.5, （2014）, pp.2-18.

③ Karl Hallding, Guoyi Han; Marie Olsson, "China's Climate- and Energy-security Dilemma: Shaping a New Path of Economic Growth", *Journal of Current Chinese Affairs*, Vol.38, No.3, （2009）, pp.119-134

④ Carmen Richerzhagen and Imme Sholz, "China's Capacities for Mitigating Climate Change", *World Deve lopment*, Vol. 36, No. 2, （2008）, pp. 308-324.

⑤ Andrew Hurrell and Sandeep Sengupta, "Emerging powers, North–South relations and global climate politics", *International Affairs*, Vol.88, No.3, （2012）, pp. 463-484.

⑥ Robert O. Keohane, "The International Climate Regime without American Leadership", *Chinese Journal of Population Resources and Environment*, Vol.15, No.3, 2017, pp.184-185.

迈克·S.谢弗（Mike S. Schäfer）认为软实力和应对气候变化存在重要联系，当前美国退出的政治形势为中国提升软实力提供了"机会之窗"。①

3.对中国与其他国家气候能源合作等方面的研究

中美关系是国际气候治理领域最为重要的双边关系，对中美气候关系的研究是国际学术界的重要研究内容。早在2007年，著名学者张忠祥（ZhongXiang Zhang）在文章《中国、美国和气候技术合作》中就指出，中美作为世界上温室气体排放大国，双方在气候问题上的合作力度对双方的履约成本和国际气候制度的发展起到举足轻重的作用，但不能以此为基础要求中美捆绑式加入国际减排协议，因为这种方式符合美国的利益而不符合中国的利益。② 卡斯·桑斯坦（Cass R. Sunstein）在《世界等同于美国和中国?》中从收益成本的角度对中美两国气候政策进行分析认为，目前状态下，国际社会的激励性因素不足以将其纳入国际减排协议框架。作者认为在两种情况下双方参与意愿可能会有所改变，一是改变两国在气候问题上的成本收益比率即降低两国的减排成本或提高两国的减排收益，二是增强两国对世界气候脆弱性地区的道德义务感。③ 罗伯特·尤姆（Robert Y. Shum）运用议价理论（bargaining approach）分析了中美两个超级大国碳排放路径的变化以及如何影响国际气候谈判的动态。④ 戴维·贝利斯（David Belis）等人从"双重"多边主义角度探讨了中美欧之间的关系，并认为权力政治、经济利益和规范

① Adrian Rauchfleisch & Mike S. Schäfer, "Climate Change Politics and the Role of China: a Window of Opportunity to Gain Soft Power?", *International Communication of Chinese Culture*, Vol.5, No.1-2, (2018), pp.39-59.

② Zhang Zhongxiang, "China, the United States and Technology Cooperation on Climate Control", *Environmental Science & Policy*, Vol.10, Issues 7-8, (2007), pp. 622-628.

③ Cass R. Sunstein, "The World vs. the United States and China? The Complex Climate Change Incentives of the Leading Greenhouse Gas Emitters", *UCLA Law Review*, Vol. 55, (2008), pp.1675-1700.

④ Robert Y. Shum, China, "the United States, bargaining, and climate change", *International Environmental Agreements*, Vol.14, No.1, (2014), pp.83-100.

环境三个因素综合决定了全球气候政治的发展走向。[①]

　　中欧气候合作是气候治理领域又一重要的双边关系。大卫·斯科特(David Scott)认为，与传统的政治贸易领域不同，中国和欧盟在环境能源领域有巨大的利益融合之处，双方在加强和拓展环境领域的合作项目、加大和促进清洁技术的研发和转让以及探索和创立新的技术发展机制方面存在巨大的合作空间。这些合作项目具有较高的利益价值和较强的可操作性，能够实现中欧在应对气候问题上的"双赢"。[②] 康斯坦丁·霍尔泽(Constantin Holzer)等人认为中欧在能源、气候方面的合作存在较大的互补空间，但由于缺乏互信和制度合作的条件，双方在此领域的合作还受到较大限制。[③] 戴维·贝利斯(David Belis)和西蒙·施恩茨(Simon Schunz)也分析了未来气候制度的不确定性对中欧关系的影响，并强调为了将实际的双边合作转化为多边领域更为切实的成果，必须在中国对主权和经济发展的传统敏感性与欧盟希望达成具有宏伟减排目标的国际协议之间取得良好平衡。[④] 门静(Jing Men)认为中欧机制安排为双方在环境保护和气候变化领域的合作与学习提供了良好平台。一年一度的中欧峰会为开展气候变化高级别谈判和相关部门对话提供了动力和方向。[⑤] 伊拉利亚·埃斯帕(Ilaria Espa)等人则对美国宣布退出《巴黎协定》后中欧在气候和能源领域合作的现状及存在问题进行

　　① David Belis, Paul Joffe, Bart Kerremans and Ye Qi, "China, the United States and the European Union: Multiple Bilateralism and Prospects for a New Climate Change Diplomacy", *Carbon & Climate Law Review*, Vol.9, No.3, (2015), pp.203-218.

　　② David Scott, "Environmental Issues as a 'strategic' key in EU–China relations", *Asia Eur J*, Vol.7, No.7, (2009), pp.211-224.

　　③ Constantin Holzer & Haibin Zhang, The Potentials and Limits of China–EU Cooperation on Climate Change and Energy Security, http://www.springerlink.com/content/8343k5786482k4j4/fulltext.pdf.

　　④ David Belis & Simon Schunz, "China and the European Union: Emerging Partners in Global Climate Governance?", *Environmental Practice*, Vol.15, No.3, (2013), pp.190-200.

　　⑤ Jing Men, "Climate change and EU–China partnership: realist disguise or institutionalist blessing?", *Asia Europe Journal*, Vol.12, No.1-2, (2014), pp.49-62.

分析，并就世贸组织体系在促进中欧能源关系的可能性方面进行了探讨。①

除了中美、中欧气候合作外，中印气候关系也是国际社会关注的焦点。普林斯顿大学马西莫·塔沃尼（Massimo Tavoni）在其文章《评估中印气候承诺》中对中印在哥本哈根会议上提出的温室气体强度减排目标进行了评价和研究。②

总体而言，国际学术界对中国与国际气候制度的研究相对于其他问题领域如贸易领域、人权领域，无论是从研究材料之详细，还是观念论点之丰富方面都要大为逊色，当然这跟气候问题进入国际政治领域尤其是进入中国政府政治议事日程的时间较短不无关系。外国学者对中国与气候变化问题的研究与探讨，其中不乏善意的批评与鞭策，也存在立论立场、材料收集等方面的误断与讹传。正如王逸舟指出的，"其不足之处在于，理论上讲，外国的研究者不论对中国的情况多么熟悉，不可能比中国学者更了解中国，不可能对中国的问题有深刻的洞察和体验。从实践中看，虽然不乏属于纯学理与方法论的探讨，但是国家利益和价值观的不同，以及服务于各国对华战略的需要，偏见与误解的存在是在所难免，有的著作甚至完全服从于遏制中国的目的。"③

（二）国内相关研究现状

随着全球气候变化问题的"升温"以及各国在气候政治领域博弈与较量的复杂化，目前气候问题已跃居中国政府与学术各界的热门议题行列。总体来说，中国学术界对气候问题的研究主要集中在以下几大类：第一类，着重从宏观上探讨国际气候公约或国际气候制度的产生、发展、前景分析，以及其政治经济影响；第二类，主要从博弈论、谈判集团、国别合作或具体国家

---

① Ilaria Espa, "Climate, energy and trade in EU–China relations: synergy or conflict?", *China-EU Law Journal*, Vol.6, No.1-2, 2018, pp.57-80.

② Massimo Tavoni, "Assessing the Climate Pledges of China and India: How Much Do They Bite?", http://www.feem.it/userfiles/attach/20105315543642010.3_Policy_Brief.pdf.

③ 王逸舟：《中国人要研究中国的崛起》，《世界经济与政治》2004年第1期。

的气候政策、立场来探讨气候问题；第三类，随着对气候问题"经济内涵"认知的强化，从贸易、碳关税、碳隐含、低碳经济等角度探讨气候问题的学术研究日益增多；第四类，以中国为基点，站在中国的框架范围内探讨气候合作问题，如中国参与国际气候谈判的立场、历程、影响因素以及战略选择，国际气候公约或气候制度对中国的影响以及国际气候制度框架下中国面临的机遇和挑战等。为了更好地凸显重点、准确定位，便于把握现状、查找不足，笔者尽量缩小文献的综述范围。由于本书的研究主题是基于国际制度与国家行为互动视角来分析"中国与国际气候制度建构"的关系，基本上属于第四类文献的研究范畴，所以这里只梳理第四类研究文献。

1. 对中国国际气候谈判立场、进程及战略的研究

张海滨通过对中国 1990 年以来气候立场变迁的历史考察，比较清晰地勾勒出中国气候立场的变与不变，并运用生态脆弱性、减缓成本和公平原则三个变量解释了中国立场演变的深刻动因。[1] 陈迎对《公约》谈判以来国际气候谈判进程作了阶段性分析，并总结了单一理性人模式、国内政治模式以及社会学习与理念模式来具体解释中国的谈判立场。[2] 杨毅认为，经济发展、生态脆弱性以及自身国际形象是中国制定气候变化政策的重要影响因素。[3] 随着国际气候谈判格局的演变以及后巴黎气候时代的到来，国内社会对中国在全球气候治理日益发挥积极作用持支持态度。有学者认为，气候治理对中国而言既是机遇也是挑战，必须坚持合作意愿和合作能力并举，在确保未来发展所需排放空间的同时，积极引领全球气候治理，并利用碳市场推进产业结构和能源结构转型升级，为中国的发展争取国际国内两种有利环境。[4]

---

① 张海滨：《中国在国际气候变化谈判中的立场：连续性与变化及其原因探析》，《世界经济与政治》2006 年第 10 期。

② 陈迎：《国际制度的演进及对中国谈判立场的分析》，《世界经济与政治》2007 年第 2 期。

③ 杨毅：《国内约束、国际形象与中国的气候外交》，《云南社会科学》2012 年第 1 期。

④ 孙永平、胡雷：《全球气候治理模式的重构与中国行动策略》，《南京社会科学》2017 年第 6 期。

中国要通过积极的气候外交参与国际气候秩序建构，党的十八大报告提出的生态文明观则可以成为中国气候外交重要的软权力资源，争取国际气候秩序建构的道德制高点。[①] 中国需要借助不同的领导方式来发挥气候引领作用。[②] 应同时在"适应"和"塑造"两方面积极努力，既要加快自身改革，又要积极参与《巴黎协定》后的气候治理进程。[③]

2. 从比较视阈探讨中外气候合作关系

（1）全球气候治理需要国际政治中的大国参与。中美关系是全球气候治理中最为重要的双边关系，学术界从不同的角度探讨分析了中美气候合作关系。方曙兵提出，中美双方在应对气候变化问题上存在多维共同利益及合作动力，但同时分歧和障碍也不容忽视，弥合分歧、拓展合作应该是双方共同的选择。[④] 王联合指出，中美双边合作既有助于减少两国的温室气体排放，也蕴含着明显的全球意义，为此双方要创新战略思维，推动合作向纵深发展。[⑤] 刘元玲也肯定了中美合作对巴黎气候大会的顺利召开及《巴黎协定》的签订作出的积极贡献，并指出双方今后合作的重点领域。[⑥] 康晓认为，中美关系已远超两国范畴而具有全球意义，因此两国应该形成一种多元共生的全球治理观以应对包括气候变化在内的人类共同挑战，[⑦] 成为全球气候治理中强有力的"共同领导者"。[⑧] 还有学者从政策差异角度分析了中美的气候合作，并指出中国应对气候变化政策过程具有明显的自上而下的特征，美国

---

① 康晓：《国际气候秩序建构与中国的气候外交》，《国际论坛》2013年第5期。

② 李昕蕾：《全球气候治理领导权格局的变迁与中国的战略选择》，《山东大学学报（哲学社会科学版）》2017年第1期。

③ 于宏源：《〈巴黎协定〉、新的全球气候治理与中国的战略选择》，《太平洋学报》2016年第11期。

④ 方曙兵：《中美应对气候变化挑战：弥合分歧，拓展合作》，《世界经济与政治论坛》2009年第5期。

⑤ 王联合：《中美应对气候变化合作：共识、影响与问题》，《国际问题研究》2015年第1期。

⑥ 刘元玲：《巴黎气候大会后的中美气候合作》，《国际展望》2016年第2期。

⑦ 康晓：《多元共生：中美气候合作的全球治理观创新》，《世界经济与政治》2016年第7期。

⑧ 赵行姝：《透视中美在气候变化问题上的合作》，《现代国际关系》2016年第8期。

的气候政策过程呈现出明显的自下而上的特征。①

（2）中欧关系是国际气候谈判中又一重要的双边关系。薄燕和陈志敏指出，在国际气候变化谈判的京都进程中，欧盟和中国扮演了不同的角色，欧盟是领导者角色，中国是积极而审慎的参与者，双方在应对气候变化问题上既有共同利益，又有分歧。②曹慧也肯定了中欧在推动巴黎气候谈判和全球气候治理中的积极作用，并指出中欧合作空间较大，并存在较强的合作意愿和合作能力。③薄燕和高翔以2015年全球气候巴黎协议为案例，分析了中欧在气候协议构想方面存在的分歧。④

（3）中国与广大发展中国家的气候合作也成为学术界重要的研究对象。严双伍和肖兰兰认为，长期以来中国以"G77+中国"的形式参与国际气候谈判并有力地维护了发展中国家的利益，但随着气候谈判和气候政治格局的复杂化，双方利益协调愈加困难。⑤孙学峰、李银株进一步指出，中国实力地位的变化是影响中国和77国集团合作的重要因素。⑥随着发展中国家内部利益的分化以及气候政治的复杂化，发展中国家内部气候政治的群体化现象进一步凸显。严双伍和高小升认为，基础四国在后京都谈判中的立场表现出很高的协调性，有力地推动了国际气候谈判的开展，为尽快达成后京都气候安排作出了积极的贡献。⑦赵斌指出，新兴大国群体有必要深

---

①　李惠民、马丽、齐晔：《中美应对气候变化的政策过程比较》，《中国人口·资源与环境》2011年第7期。

②　薄燕、陈志敏：《全球气候变化治理中的中国与欧盟》，《现代国际关系》2009年第2期。

③　曹慧：《全球气候治理中的中国与欧盟：理念、行动、分歧与合作》，《欧洲研究》2015年第5期。

④　薄燕、高翔：《2015年全球气候协议：中国与欧盟的分歧》，《现代国际关系》2014年第11期。

⑤　严双伍、肖兰兰：《中国与G77在国际气候谈判中的分歧》，《现代国际关系》2010年第4期。

⑥　孙学峰、李银株：《中国与77国集团气候变化合作机制研究》，《国际政治研究》2013年第1期。

⑦　严双伍、高小升：《后哥本哈根气候谈判中的基础四国》，《社会科学》2011年第2期。

化协调、协作与合作，共同推进全球气候政治发展和全球气候治理善治的实现。①

（4）除了双边合作外，还有很多学者从多边主义的视角分析中国与特定国家的气候合作关系。张海滨比较了中美气候合作和中日气候合作的差异，以及中美气候合作落后于中日气候合作的原因。② 康晓从制度竞争的角度探讨了中美欧围绕气候变化全球气候治理的制度倡议的差异及原因。③ 薄燕从合作实践的角度探讨了国际气候变化谈判中中、美、欧三边关系的发展动态，分析了三边关系的四个发展阶段及各自的演变特征。④ 高小升和石晨霞分析了中、美、欧在 2020 年后国际气候协议的法律地位、指导原则、减排承诺以及适应问题等核心要素上立场的异同点。⑤

3. 从国家安全和权力政治的角度对中国参与气候合作进行研究

气候变化问题的环境、经济、政治以及社会等多元特性决定了气候问题影响的广泛性以及治理和解决的系统性和复杂性，越来越多的学者开始从高级政治即安全的角度来看待气候变化问题。张海滨的《气候变化与中国国家安全》从国家安全的角度探讨了气候问题对中国领土面积、国土质量、民生状况、中国主权、国防、战略性工程以及军队建设等各个方面的巨大影响，并对当前中国在应对气候变化的国内政策与行动进行了分析和评价，最后就如何从安全角度加强中国的应对提出了作者自己的观点。⑥ 气候问题的高级

---

① 赵斌：《全球气候政治的群体化：一项研究议程》，《中南大学学报（社会科学版）》2018 年第 5 期。

② 张海滨：《应对气候变化：中日合作与中美合作比较研究》，《世界经济与政治》2009 年第 1 期。

③ 康晓：《气候变化全球治理的制度竞争——基于欧盟、美国、中国的比较》，《国际展望》2018 年第 2 期。

④ 薄燕：《全球气候变化问题上的中美欧三边关系》，《现代国际关系》2010 年第 4 期。

⑤ 高小升等：《中美欧关于 2020 年后国际气候协议的设计——一种比较分析的视角》，《教学与研究》2016 年第 4 期。

⑥ 张海滨：《气候变化与中国国家安全》，时事出版社 2010 年版。

政治特性决定了气候问题必然与权势博弈和转移紧密相关。于宏源的《环境变化与权势转移》一书，以国际环境制度、外交和大国博弈为研究切入点，重点探讨了大国在气候、资源冲突、环境贸易等领域的互动及逻辑。① 张文木分析了气候变暖引起的北极解冻以及北极航道通航时间延长对世界地缘政治大格局及各国战略地位的影响。②

4. 对中国在国际气候合作中身份角色的研究

从建构主义的理论来看，身份角色定位成为影响一国对外政策的重要因素。在国际气候合作中，对中国身份角色的研究是重要内容之一。从国际气候谈判开启至今，中国在国际气候谈判中经历了"积极被动的发展中国家""谨慎保守的低收入发展中国家"和"负责任的发展中大国"三种身份定位。③ 庄贵阳等人认为，随着美国退约、世界面临新一轮"全球化"形势下，国际气候治理面临着新的机遇和挑战，中国已经初步具备了引领全球气候变化的能力，中国在国际气候治理中的角色从被动跟随向主动引领的转变，并从器物、制度和精神三个层面对中国的引领力进行了分析。④ 潘家华和张莹指出，中国参与气候变化的历程经过了灾害防范、科学参与、权益维护、发展协同和贡献引领五个阶段，并在此基础上分析了中国的角色转型，即从防范"黑天鹅"灾害到迎战"灰犀牛"风险的转变。⑤ 郇庆治指出，中国无疑正在成为全球环境政治舞台上的主角，并将逐渐从全球气候治理体制中的道德责任主体演进成为政治与法律责任主体，但在可以预见的将来，未必会无条件接受或愿意担当一种世界领导者

---

① 于宏源：《环境变化与权势转移：制度、博弈和应对》，上海人民出版社 2011 年版。

② 张文木：《21 世纪气候变化与中国国家安全》，《太平洋学报》2016 年第 12 期。

③ 肖兰兰：《中国在国际气候谈判中的身份定位及其对国际气候制度的建构》，《太平洋学报》2013 年第 2 期。

④ 庄贵阳等：《中国在全球气候治理中的角色定位与战略选择》，《世界经济与政治》2018 年第 4 期。

⑤ 潘家华、张莹：《中国应对气候变化的战略进程与角色转型：从防范"黑天鹅"灾害到迎战"灰犀牛"风险》，《中国人口·资源与环境》2018 年第 10 期。

的地位。① 还有学者在直接肯定中国"引领者"角色的基础上，分析了中国参与领导的方式和途径。李慧明指出在全球气候制度治理日益碎片化的时代，鉴于气候变化问题的全球公地和全球公共产品的特性，全球气候治理更多地需要方向型、理念型和手段型国际领导，中国一定能为全球绿色发展作出重大贡献并成为绿色国际合作领导的关键一方。② 汤伟指出，国际政治领导使得中国完成了从发展中国家阵营向全球角色的转变，但要完成从国际政治领导向政治和技术兼具的完整的国际领导转变，中国必须分阶段开展多层次、多议题的技术能力建设。③

5. 从互动的视角对中国与国际气候制度建构进行研究

（1）中国对国际气候制度的影响及建构作用。庄贵阳和陈迎的《国际气候制度与中国》是国内第一本系统深入研究全球气候变化和相应国际气候制度的前沿性作品。作者在对国际气候公约的形成与演化、气候谈判格局的博弈与演变进行宏观把握的基础上，透彻地分析和探讨了国际气候谈判中一些不容忽视的具体性问题，如灵活机制的有效性、气候谈判中的公平问题，以及气候制度与 WTO 规则的冲突问题，并就中国对气候变化问题的认识和在国际气候谈判中的作用进行了分析。薄燕和高翔合著的《中国与全球气候治理机制的变迁》从原则—规则的理论分析框架剖析了全球气候治理的新变化，是系统梳理全球气候治理机制变迁的最新力作，主要考察自 2011 年以来，全球气候治理机制出现的新变迁和中国参与全球气候治理机制变迁的行为与影响因素。④

①　郇庆治：《中国的全球气候治理参与及其演进：一种理论阐释》，《河南师范大学学报（哲学社会科学版）》2017 年第 4 期。

②　李慧明：《全球气候治理制度碎片化时代的国际领导及中国的战略选择》，《当代亚太》2015 年第 4 期。

③　汤伟：《迈向完整的国际领导：中国参与全球气候治理的角色分析》，《社会科学》2017 年第 3 期。

④　薄燕、高翔：《中国与全球气候治理机制的变迁》，上海人民出版社 2017 年版。

（2）国际气候制度对中国影响及其在中国内化的研究。康晓以利益认知为分析视角，指出"国际制度在国家内化的原因在于国家是否在与国际机制的互动中其某种需要获得了一定程度的满足，或是激发了一种积极的国家利益认知"①。于宏源从国际制度知识建构和规范的视角指出国际制度的内化为国内政策制定引入了全球化因素，并促使国家内部建立与国际制度相联系的对口协调部门或制度。② 马建英认为，制度压力、利益认知和国内结构三个因素共同发挥作用，推动了国际气候制度在中国的内化，并从认知变化、制度改革、立法支持和政策实践四个层面具体分析了国际气候制度在中国内化的具体表现。③

（三）简评

通过对国内外相关文献归纳研究后发现，目前国内外学术界对中国与国际气候问题的探讨数量颇为丰富，内容触及较多方面，视角也涉及政治经济学、法学、国际制度、博弈论等多个领域，总体呈现以下特点：一是国内外该议题的研究均涉及中国参与气候谈判的立场及影响因素、中国对国际气候谈判的影响及角色分析、不同视阈下的中外气候合作等方面，涉及范围较广泛；二是国内外研究层次上既有宏观研究，也有中微观研究；三是研究方法上既有理论研究，也有通过样本展开的实证研究。无论是对基础理论的探讨，还是具体案例的分析，研究开始深化和细化，研究方法更加多样。上述文献为我们理解和分析中国与国际气候制度建构议题的研究提供了有益的借鉴和思路，但作为一个演进中的议题，对其研究还有待于进一步深化和完善。

---

① 康晓：《利益认知与国际规范的内化——以中国对国际气候合作规范的内化为例》，《世界经济与政治》2010 年第 1 期。

② 于宏源：《〈联合国气候变化框架公约〉与中国气候变化政策协调的发展》，《世界经济与政治》2005 年第 10 期。

③ 马建英：《国际气候制度在中国的内化》，《世界经济与政治》2011 年第 6 期。

第一，从双向互动视角探讨中国与国际气候制度建构的研究有待加强和深化。中国参与国际气候谈判的过程是中国对国际气候制度进行建构和影响的过程，同时也是国际气候制度在中国进行内化和影响的过程。从互动的视角探讨国际气候制度与中国国家行为的互动，不仅有利于多维度认知国际气候制度的治理效果，而且对客观认知主权国家的气候话语权对国际气候制度建构内容和走向的影响意义重大。

第二，对中国在国际气候制度建构中的作用的分析不够重视。上述文献大多关注中国在推动国际气候谈判、减排温室气体等方面的作用，对中国在整个国际气候制度建构维度中的作用分析重视不够。一般来说，国家对国际气候制度建构的作用主要表现在三个方面，一是国家对国际制度谈判的科研推动力度和贡献程度，即科学话语权。国际制度谈判的目的是为了应对和解决某一公共性议题，要想实现其预定目标，就必须具备一定程度的合法性与合理性。合法性就是国际制度必须得到参与国的一致同意，合理性就是国际制度必须反映人类对美好生活的一般追求，而国际制度具备合法性与合理性的前提就是其本身谈判的起点即所要解决问题的具备一定的"科学共识"。哈斯（Peter Haas）在分析地中海污染防治机制时提出，谁掌握了知识，谁就拥有国际议题决策的权威。[①] 哈丁（Hardin）指出："合作的程度有赖于可获取知识的质量。"[②] 众所周知，以联合国为基础的国际气候制度是建立在国际社会对气候变化问题的认知尤其是在 IPCC 的评估报告基础之上的，气候科学的水平以及科学认知在 IPCC 评估报告中的体现（即科学话语权）是一国更好地参与国际气候制度建构和维护自身国家利益的前提和基础。二是道义话语权。在国际制度具体磋商之前及谈判之初，一国能否掌握道义制高点，并凭借自身的综合实力将道义诉求内化为制度建构的理念和基本原则从

---

① Peter M. Haas, "Do Regimes Matter? Epistemic Communities and Mediterranean Pollution Control", *International Organization*, Vol.43, No.3,（1989）, pp.387-389.

② Russell Hardin, *Collective Action*, Baltimore: The Johns Hopkins University Press, 1982, p.182.

而影响制度发展的趋势和方向。三是制度话语权，即国家在具体制度安排中所发挥的作用。国际制度的谈判一般是在国际会议上由各国谈判代表、相关专家、学者或国际组织的代表通过制度议价能力即商讨、论证、讨价还价后达成协议，再经由各国国内相关机构批准后方能成为共同遵守的规范制度。本书将会从上述科学话语权、道义话语权和制度话语权三个方面综合分析中国在国际气候制度建构中的作用和影响。

第三，对国际气候制度在中国内化的研究有待深化。科特尔等人研究认为国际制度在一国的内化程度可以在三个方面上表现出来：（1）国际制度对内部化的过程初步体现在国际规范的合法性得到国内政治决策者的理解和话语上的支持，并逐步上升至国内立法层次的辩论议程；（2）国际制度被内部化还体现在与国际规范相协调的国内官僚体制与政治制度变革上；（3）国际制度获得既定国家的立法支持并得到进一步有效的实施。① 但国际气候制度在中国的内化不应该仅停留在组织结构和制度层面，还要考虑价值理念方面可能受到的影响。基于此，本书将从归口单位、政府议事日程以及气候政策与实践等层面分析国际气候制度在中国内化的表现，在此基础上探讨内化的动力来源，然后从生态理念、环境治理方式以及低碳行为理念三个方面分析国际气候制度内化给中国带来的更深层次的影响。

三、本书的基本框架和主要观点

本书以国际制度与国家行为互动为理论前提和立论基础，以"中国参与的历程、态度及动因——中国对国际气候制度的建构作用及特点——国际气候制度在中国的内化和影响——后巴黎阶段中国的战略选择"为逻辑主线，

---

① Andrew P. Cortel land James W. Davis, Jr., "Understand ng the Domestic Impact of International Norms : A Research Agenda ", *International Studies* Review, Vol. 2, No. 1, （2000）, pp.70-72.

梳理和探讨了中国在参与国际气候谈判过程中是如何与国际气候制度相互影响、相互建构，并在此基础上探讨中国在后巴黎时代国际气候制度建构中的作为和战略选择。

（一）基本框架

本书由导论、正文第一至五章以及结语共七部分组成。导论提出了所要研究的问题，分析了国内外研究现状，然后在现有研究的基础上提出了自己的基本框架和主要观点，并简单介绍了所要使用的研究方法和重点难点。

第一章，国际气候制度建构的背景与发展历程。本章主要探讨了气候变化问题的性质，并在此基础上，论证国际气候制度治理的必要性，最后对国际气候制度自身发展历程进行简单梳理。

第二章，中国参与国际气候制度建构的历程、态度及动因。本章将中国参与国际气候合作的历程分为五个阶段，即气候问题科学主导阶段、《公约》谈判及生效阶段、《京都议定书》谈判及生效阶段、后京都谈判阶段以及《巴黎协定》谈判及生效阶段，重点分析中国对不同阶段的参与状况、态度及背后的影响因素，为下文中国和国际气候制度互动及相互建构的论证和阐述做好充分准备。

第三章，中国对国际气候制度建构的作用和影响。本章将中国对国际气候制度的建构分为三个维度，即科学维度、道义维度和制度维度三块，通过具体分析中国在科学维度、道义维度和制度维度上的话语权总结中国在国际气候制度建构中的具体作为和表现。科学维度上，中国的话语权通过 IPCC 五次评估报告中中国作者和专家的参与数量、担任职务、文献引用状况以及对报告内容的建构和影响等方面体现出来。道义维度上，中国坚持发展优先于环境的治理目标，坚持人均排放优先于单位 GDP 排放的碳排放标准，坚持共同但有区别的责任原则而非共同的责任原则。制度建设方面，中国坚持在联合国框架下应对气候变化，采取"先公约后议定书"的制度建构方式，坚持共同但有区别的责任原则作为《公约》指导原则并以单独条款形式列入《公约》文本，同时坚持减缓、适应、资金和技术四大议题并举的议题设置方式。

第四章，国际气候制度在中国的内化：表现、动力及影响。本章是对第三章中国对国际气候制度建构的作用和影响的逆向探讨。国际气候制度在中国内化的表现主要从气候归口单位的设立和调整、政府议事日程的变化以及具体气候政策与实践应对三个维度来分析。国际气候制度内化的动力从利益获得、制度压力和生态损益三个方面来分析。国际气候制度在中国内化产生的深层次影响从生态理念、环境治理方式以及低碳行为理念三个方面体现出来。

第五章，后巴黎时代国际气候制度的新变化与中国战略选择。本章首先分析了美国退出《巴黎协定》及其对国际气候制度治理的影响，接着分析了后巴黎时代国际气候制度的新变化及特征，然后在此基础上探讨中国在国际气候治理新形势下的身份定位及战略选择。

结语。总结本书的核心内容和研究结论。

（二）主要观点

本书的分析框架有助于我们总体上把握国际气候制度与中国的互构关系，客观理解国际气候治理的实质意义以及全球性和国家性之间的关系。在这种分析框架下，我们认为国际气候合作自 20 世纪 70 年代末开始以来，中国参与气候谈判及制度建构的立场和态度经历了连续性和变革性的统一，经历了懵懂却积极、积极但被动、谨慎且保守、积极而务实以及建设性引领等不同发展阶段，每个阶段立场和态度都是基于当时国内外客观环境综合考量的结果。

中国在参与国际气候制度建构过程中努力掌握道义话语权，在气候治理目标之争、碳排放标准之争以及气候治理原则之争等方面一定程度上控制了道义制高点，较好地维护了包括中国在内的发展中国家的利益。在制度建设方面，中国努力利用了"先占性"原则，在气候治理谈判载体、制度建构形式、指导原则及法律地位以及议题设置等方面牢牢掌控话语权。在科学话语权方面，中国虽然积极参与 IPCC 的报告编纂，但不管是从参与的数量还是担任的角色来看，中国专家学者都处于劣势。

在气候谈判初期，基于维护自我利益的本能，中国从宏观上牢牢地抓住了"共同但有区别的责任"原则这一护身符，但对国际气候治理领域的相关标准、规范、模式、程序、机制工具等内容几乎都没有制定权、解释权、主导权和控制权。2℃升温阈值、2020 年峰值年、2050 年排放减半、低碳经济和低碳社会、碳交易和碳关税等，这些原产于欧洲的新概念俨然已成为国际科学界、学术界、新闻媒体乃至国际气候谈判的主流话语，碳交易、碳金融、碳预算、碳公平，抑或是碳关税、碳泄漏、碳标签、碳认证、碳足迹这一系列充斥世界各国政策和学术研究领域的新名词亦充分显示西方国家在气候问题上的话语权和主导权。作为最大的发展中国家，中国在国际气候谈判中的地位并未取得与其实力相当的制度建构的话语权。中国在此领域的作为更多的是对这些指标或概念的研究、模拟、认可或拒绝，难以提出前瞻性的、具体的、并建立在深入研究和政策评价基础上的提案或议案，以供西方国家思考和应对。

国际气候制度促使了中国归口单位、政府议事日程以及具体气候政策与实践应对等不同层面的变化，这些变化进一步促使了中国生态理念的变化、环境治理方式的调整以及低碳行为理念的树立。国际气候制度之所以在中国产生内化是基于利益认知、制度压力以及生态损益等多个因素综合作用的结果。国际气候制度在中国的内化和影响，一方面是国际气候制度治理效果的体现，另一方面也是中国为应对全球气候变化作出的积极贡献。

四、本书的研究方法和重点难点

（一）研究方法

国际关系的研究方法多种多样，根据不同的研究标准，可以划分为不同的类型。不同的研究方法对应不同的研究主题和论证领域，方法选择的恰当与否，直接影响到主题的演绎、过程的论证及思路的推理。本书在充分考虑选题性质和实际需求的基础上，重点采用如下研究方法。

1. 理性选择分析法。理性选择分析法的基本原理是，国家对外政策是由理智健全的人制定的，对外政策的目标是维护国家的利益，因此制定对外政策是政策决策者根据一般理性选择能够最有效地维护国家利益的政策的过程。[①] 中国在参与国际气候谈判过程中的立场及政策转变，以及在国际气候制度建构的力度和表现，都是基于当时国内外环境下国家利益的理性选择。但值得注意的是理性的标准有主观和客观两个方面，客观标准就是"方法与目标的一致性"，是可检验的，但理性的主观标准是多样性的，受到政治、经济、宗教、心理、文化、民族等多重因素的影响。所以在对外政策中，即使是基于当时的"理性"选择也未必切实符合国家的实际需要。

2. 层次分析法。层次分析法的目的是帮助研究人员辨明变量，并在两个或多个变量之间建立起可供验证的关系假设。在这种关系假设中，层次因素是自变量，是原因；所要解释的某一行为或国际事件是因变量，是结果。也就是说，层次分析法假定某一个层次或某几个层次上的因素导致某种国际事件或国际行为。[②] 我们这里采用罗伯特·基欧汉的划分方法，即体系层次、单位层次和互动层次三分法。中国参与国际气候谈判的过程必然是中国与国际气候制度互构的过程。中国所承受的来自国际气候制度的规范和建构是一种系统的宏观状态的量度，其分析层次属于体系层次；中国特定状态下的气候立场和政策的选择就不可避免地从互动者的个体入手，属于单位分析层次；单纯国际气候制度虽然能对中国气候行为产生一定的压力，但无法决定其最终的选择，这就需要互动层次来沟通体系路径和决策路径之间的分歧。

---

① 阎学通、孙学峰：《国际关系研究实用方法》，人民出版社 2009 年版，第 185—186 页。
② 秦亚青：《层次分析法与国际关系研究》，《欧洲》1998 年第 3 期。

3. 政治经济学的分析方法。这一方法要求把政治和经济结合起来对问题进行分析和探讨。气候问题具有多重含义，既是环境问题，更是发展问题，亦是政治问题。气候变化之所以进入国际政治的核心议程行列，就是因为其影响到人类社会政治、经济等各个领域。在权威缺失的无政府状态下，经济利益和政治意愿似乎总是成为国家之间关系状态的最为核心和最为深层次的决定因素。

4. 历史分析法。本书对中国参与国际气候制度建构 40 年的发展历程进行总体考察和阶段划分，将其梳理为气候问题科学主导阶段、《公约》谈判及生效阶段、《京都议定书》谈判及生效阶段、后京都谈判阶段以及《巴黎协定》谈判及生效五个历史时期。

5. 文本解读法。对联合国及相关气候组织公布的会议文档及章程、对中国政府颁布的相关文件及中国政府代表团在联合国及相关气候会议上的发言进行梳理、总结和分析，挖掘国际气候制度与中国国家行为互构的内在机理。

（二）研究重点和难点

1. 研究重点

（1）中国参与国际气候制度建构的历程、态度及动因。在国际气候制度建构的不同阶段即气候问题科学主导阶段、《公约》谈判及生效阶段、《京都议定书》谈判及生效阶段、后京都国际气候谈判阶段以及《巴黎协定》谈判及生效阶段，中国是如何参与气候谈判及制度建构的，参与的立场态度如何，其立场态度演变背后的影响因素又有哪些？对上述问题的探讨和思考是本书的研究重点之一。

（2）中国对国际气候制度建构的作用及特点。中国对国际气候治理的科学话语权、道义话语权以及制度话语权的影响有哪些？体现在什么地方？中国参与国际气候制度建构的特点是什么？这些问题是本书的研究重点之二。

（3）国际气候制度在中国的内化：表现、动力及影响。国际气候制度在中国内化的表现有哪些？内化的动力是什么？国际气候制度在中国内化产生了什么影响？对这些问题的阐述和研究是本书的研究重点之三。

2. 研究难点

（1）归因界定方面存在难度。本书研究的主旨是探讨国际气候制度与中国国家行为之间的互动。中国对国际气候制度建构的作用和影响可以通过国际气候制度科研支撑中中国作者参与的数量、文献引用状况等方面体现出来，对制度本身的建构作用也可以通过中国与会代表的态度、发言及提案等方面表现出来。但国际气候制度在中国内化和影响的归因界定就存在一定困难。像气候归口治理单位的设置和调整、政府气候相关议事日程的变化，气候政策和实践行为等可能跟国际气候制度直接相关，但理念层面的变化包括生态理念、环境治理方式以及低碳行为理念等虽不能否认这些变化跟国际气候制度存在相关关系，但"相关度"不好把握，因为他们也可能是中国自身对气候环境问题认知深化的结果，当然这种认知深化也可能会追溯到国际气候制度外在压力和规范。

（2）方法论证方面的难度。本书研究的主旨是探讨国际气候制度与中国国家行为的互动，这是一个动态的过程，所以对它的研究应该是动态进行而非静态实施，只有这样才能凸显"互动"。但在实际研究中"只有把事物固定在一种相对静止的状态中才有可能区别别的事物，才能科学地研究事物的性质和过程，并发现其规律"[1]。所以为了论证的需要，笔者又不得不把国际气候制度与中国的国家行为互动人为地分割成两部分，一部分是中国对国际气候制度建构的作用和影响，另一部分是国际气候制度对中国的建构和影响（即国际气候制度在中国的内化）。在论证的过程中，如何通过互动层次的衔接把人为分割的两部分以"互动"形式相对完整地呈现出来，又是一大难点。

---

① 阎学通、孙学峰：《国际关系研究实用方法》，人民出版社 2001 年版，第 197 页。

第一章　国际气候制度建构的背景与发展历程

　　气候变化是 21 世纪的既定主题，渗透于人类社会生活的各个层面，成为当今社会官方谈判、民间对话不可或缺的焦点议题，其规模之大、破坏之巨、范围之广、影响之深远史无前例。气候变化问题源于人类社会生产、生活带来的温室气体排放行为，为应对气候变化而达成的国际气候制度安排不仅影响到各国未来温室气体排放行为，而且规束到各国未来的经济发展空间，甚至成为未来世界政治经济格局重构的决定性因素。气候变化是一个典型的全球尺度的公共问题。早在 20 世纪 70 年代，科学家们就已经把气候变暖作为一个全球性环境问题提出来。到了 80 年代，由于国际社会对人类活动和全球气候变化关系认识的深化，尤其是近百年来全球最炎热天气的出现，气候问题逐步踏入国际政治和外交的重要议题行列。随着对气候变化内涵认知的拓展，气候问题与人类社会经济发展模式和能源发展战略之间的连带关系日益凸显出来。气候问题无疑会成为 21 世纪主导各国政治、经济及外交的核心议题。

第一节　气候问题的性质界定与国际制度治理

　　2005 年联合国千年首脑会议成果文件中强调："我们相信，今天我们生活的世界比历史上任何时候都更全球化，相互依存度更高。任何国家都无法完全孤立存在。我们承认，集体安全取决于按照国际法有效合作应付跨国威胁。"① 今天，在人类生活的几乎所有层面和领域，都已构建和形成了错综复杂、形式各异的国际制度合作规范，制度治理成为当今时代发展的趋势和潮流，成为国际社会秩序化和法制化的基础和保证。但在不同的治理层面或议题领域，国际制度的治理效力并不均衡，其最为重要的影响因素就是制度治理议题的性质界定问题。气候变化问题"人类共同关切事项"的法律定位和"全球公共物品"的经济学界定成为国际气候制度建构和气候治理循环往复、成效难彰的决定性因素。

一、气候问题"人类共同关切事项"的法律定位

在应对气候变化问题提上国际政治议事日程以后，气候问题的法律定位成为各国建构国际气候制度的前提。温室气体排放与人类活动密切相关，尤其是工业革命以来人类大量使用煤炭、石油、天然气等化石燃料所导致。所以，一国在其领土和领海范围内使用化石燃料、排放温室气体属于各国的主权内涵。例如1962年《关于自然资源之永久主权宣言》宣布："各民族及各国行使其对天然财富与资源之永久主权，必须为其国家之发展着想，并以关系国人民之福利为依归。"

1974年联合国大会通过的《各国经济权利和义务宪章》强调："每个国家对其全部财富、自然资源和经济活动享有充分和永久主权，包括拥有权、使用权和处置权在内，并得自由行使此项主权。"但另一方面，各国温室气体排放又具有全球均质性和生态统一性，一国的温室气体排放有可能对世界上任何一个国家（未必是相邻或周边国家）的生态脆弱性和气候敏感性产生重要的负面影响。因此，温室气体排放既不是各国自然资源永久主权的完全

---

① 《2005年世界首脑会议成果》，2005年9月16日大会决议，见 https://documents-dds-ny.un.org/doc/UNDOC/GEN/N05/487/59/PDF/N0548759.pdf?OpenElement。

客体，亦不完全属于全球公域。1972 年《联合国人类环境会议宣言》申明："按照联合国宪章和国际法原则，各国有按自己的环境政策开发自己资源的主权，并且有责任保证在他们管辖或控制之内的活动，不致损害其他国家的或在国家管辖范围以外地区的环境。"1992 年《里约环境与发展宣言》进一步指出："根据《联合国宪章》和国际法原则，各国拥有按照其本国的环境与发展政策开发本国自然资源的主权权利，并负有确保在其管辖范围内或在其控制下的活动不致损害其他国家或在各国管辖范围以外地区的环境的责任"；"各国应有效合作阻碍或防止任何造成环境严重退化或证实有害人类健康的活动和物质迁移或转让到他国"。1992 年《公约》重申："各国拥有主权权利，按自己的环境和发展政策开发自己的资源，也有责任确保在其管辖或控制范围内的活动不对其他国家的环境或国家管辖范围以外地区的环境造成损害"，"重申在应付气候变化的国际合作中的国家主权原则"。1992 年《生物多样性公约》亦明确规定："各国拥有按照其环境政策开发其资源的主权权利，同时亦负有责任，确保在它管辖或控制范围内的活动，不致对其他国家的环境或国家管辖范围以外地区的环境造成损害。"

可见，现行的国际法概念体系无法满足人类应对气候问题、保护全球环境资源的需要。国际法必须发展出新的概念才能满足现实的需要。国际社会最早涉及气候问题性质是在 1988 年的联合国大会上，在这次会议上马耳他建议将气候视为"人类共同遗产"，但大多数国家认为这一说法并不适合，最后联大决议将其表述为"人类共同关注"，要求各国政府以及政府间国际组织对此予以关注，并决定在后续的联大会议中继续对该问题进行讨论。"人类共同关切事项"（common concern of mankind）是一个国际法学概念，主要指的是国际社会整体对其具有共同利益，有必要为了共同利益对其进行管理和调整，但它们又处于国家主权国家管辖范畴之内，对其管理和调整必须尊重国家的主权权利，在其主权许可范围之内进行。因此，"人类共同关切事项"成为专门调整以往属于个别国家主权管辖范围内、但国际社会对其具有共同利益的活动或资源的国际法概念。[1] 但就其准确的法律含义目前尚无权威界定，国际法学界对此也未形成统一认识。武汉大学秦天宝教授认为人类共同关切事项的内涵至少包括各国对共同关切事项享有主权、承担共同但有区别的责任、发达国家负有团结协助（solidarity）的义务三个要素。[2] "人类共同关切事项"涉及整个国际社会的利益，各国有义务为了人类共同利益对其活动和资源进行管理和规范，但并不能因此否定或排除各国对人类共同关切的活动或资源享有的主权。考虑到各国能力和责任上的差异，各国在人类共同关切事项上的责任分配应遵循共同但有区别的责任原则，它是"指由于地球生态系统的整体性和各国导致全球环境退化的各种不同作用以及各国的具体情况，它们对保护全球环境负有共同但是又有区别的责任"[3]。与共同但有区别的责任原则密切相关的就是发达国家团结协助的义务，即发达国家有对发展中国家进行资金、技术能力援助的义务，以加强发展中国家应对人类共同关切事项的能力建设。

气候问题"人类共同关切事项"性质定位，决定了其应对方式的实施必须在尊重国家主权的前提下进行，必须反映各方的合理要求，保护各方的合法利益，既符合公平原则，又要体现科学和效率的精神，必须使气候问题解决的根本途径——各国的温室气体的排放规范化、制度化。而规范化和制度化的唯一方法，在主权国之间无管辖权的国际社会，只有通过主权国家之间的契约合作，通过世界各国之间的制度合作将各国温室气体的排放纳入国际轨道。

二、气候问题"全球公共物品"的经济学界定

公共产品之所以被称为公共，就是因为其供给和消费涉及的不是个体，

---

①　秦天宝：《国际法的新概念"人类共同关切事项"初探》，《法学评论》2006 年第 5 期。
②　秦天宝：《国际法的新概念"人类共同关切事项"初探》，《法学评论》2006 年第 5 期。
③　秦天宝：《国际法的新概念"人类共同关切事项"初探》，《法学评论》2006 年第 5 期。

而是涉及许多人或一个整体。曼瑟尔·奥尔森在 1965 年出版的《集体行动的逻辑》中指出，一个公共的或集体的物品可以定义为："如果一个集团 X_1，…X_i，…，X_n 中的任何个人 X_i 能够消费它，它就不能不被那一集团中的其他人消费"，[①] 即任意个人的消费并不妨碍被其他人同时消费的物品。可见，公共物品共有的性质就是具有供给的普遍性和消费的非排他性，即公共物品既无排他性又无竞争性。所谓非竞争性，是指一个人在消费该公共物品的同时，并不妨碍另一个人对该物品的消费；所谓非排他性，是指不需要支付成本也能够从该公共物品的消费中得到好处，或者是要让某个不付费者不消费某物品是困难的或代价高昂的。与公共物品密切相关的另一概念是"外部性"问题。外部性是指自我行为对他者福利造成的影响，根据影响的好坏可以分为正外部性和负外部性两种类别，但在现实生活中，我们提及的经济外部性除非明确指明，否则特指其造成的负外部性问题。

从经济学角度来看，气候变化是一个典型的全球尺度的环境问题，具有全球公共物品的属性。在全球科技水平和能源结构难以有较大提高和调整的前提下，气候问题成为温室气体排放这一人类行为的"外部性"副产品。为了维护全球生态系统的平衡和"将大气中温室气体的浓度稳定在防止气候系统受到危险的人为干扰的水平上"这一"全球公共物品"，各国必须自我控制其温室气体的排放和环境容量的使用。但由于全球大气的均质性和温室气体排放的国别性，使得温室气体排放的产权难以明确界定，而且国家作为经济"理性人"，要求其自我支付巨额的经济成本应对气候变化以提供各国均能受益的全球生态平衡这一公共产品必定难以实现，各国搭便车的企图和行为会使各国主动放弃自我规制和约束的努力，从而可能引发全球"公用地的悲剧"的经济负外部性问题。因此，任何国家都无法单独解决气候变化问

---

① [美]曼瑟尔·奥尔森著：《集体行动的逻辑》，陈郁等译，上海人民出版社 1995 年版，第 13 页。

题，只有通过世界各国的通力合作，才可能从根本上减缓全球气候变化。当前由于国家集团间的利益分化和全球公共物品的特殊属性，国际社会在应对气候变化问题上一直步履蹒跚，其核心原因可以归纳为三个方面：其一，公共物品并非无限且供给成本较高，可能产生供给不足。[①] 其二，缺乏有中央权威的全球联合政府对于公共物品进行供给与管理，各个主权国家可能自行其是、各自为政。其三，公共物品供给所产生的外部利益的不平均化也是导致公共物品供给困难的重要原因。[②]

奥兰·杨指出，在缺乏有效治理或者社会制约的情况下，理性利己主义者很难实现公共物品的供给与管理。[③] 在国际社会这种强烈的大集团性质的集体中，应对气候变化，减缓全球气候变暖这样的国际公共福利本身不足以提供足够的动力让其自觉地限制温室气体排放，维护全球生态系统的安全与稳定，要想各主权国家主动减缓温室气体排放，提供全球生态稳定这一公共物品，只能通过外在的强制和约束，但在外在公共权威缺失的状态下，外在的强制和约束只能来自建立在各国平等和民主参与基础上的国际制度合作。所以，气候问题的解决也要靠国际社会各国在平等和民主基础上构建出来的国家制度，实现温室气体排放权和环境容量的合理分配，促使全球福利最大化。

随着温室气体的排放空间不断缩小，各国对于温室气体排放空间的争夺日益激烈，使温室气体的排放权成为一种稀缺资源。必须寻求多边有效的全球气候治理机制，在主权平等前提下通过应对气候变化的集体行动，对全球公共物品的供给、分配、交换等模式展开探索。[④]

---

① 朱京安、宋阳：《国际社会应对气候变化失败的制度原因初探——以全球公共物品为视角》，《苏州大学学报（哲学社会科学版）》2015 年第 2 期。

② 朱京安、宋阳：《国际社会应对气候变化失败的制度原因初探——以全球公共物品为视角》，《苏州大学学报（哲学社会科学版）》2015 年第 2 期。

③ Oran R. Young, *International Cooperation: Building Regimes for Natural Resources and the Environment*, New York: Cornell University Press, 1989, p.199.

④ 毛锐：《应对气候变化制度的经济学分析》，博士学位论文，吉林大学经济学院，2016 年，第 17 页。

三、气候问题的国际制度治理

国际制度与国际机制是目前学术界难以完全厘清的两个概念，在本文中国际制度和国际机制被视为完全同义。国际制度就是指"一系列围绕行为体的预期所汇集到的一个既定国际关系领域而形成的隐含的明确的原则、规范、规则和决策程序"①。国际制度通俗地说就是国际社会的游戏规则，是国际社会不可缺少的公共物品，在相互依赖日益加深和全球化趋势日益明显的"地球村"里，国际制度治理已成为解决全球公共问题的基本思路。制度治理的含义是指通过国际制度的干预或国际制度的具体实施，以规范或改变国家的行为以达到制度的预期目的。治理（Governance）和统治（Government）不同，治理是通过一种合作机制来建立一种秩序或解决一个公共问题；而统治则是通过正式权力和警察力量等中央集权的强制性来实现秩序。治理是由共同的目标所支持的，这个目标未必会出现合法的以及正式规定的职责，而且它也不一定需要依靠强制力量克服挑战而使别人服从。② 它的运作逻辑是以谈判为基础，强调对话与协作，通过博弈建立合作机制来降低交易成本，实现治理的秩序与目标。

全球环境容量的无主性以及所有权的难以明晰，导致各国在无外界压力的情况下对其过度使用。在此情况下，为了防止气候问题上出现"公用地的悲剧"，世界各国政府都意识到构建国际制度、规范各国排放，以达到遏制全球碳排放总量持续增加的必要性。气候变化全球治理的核心就是建立制度以保证公平正义的环保责任承担。③ 但由于气候问题的科学不确定性，及

---

① ［美］罗伯特·基欧汉著：《霸权之后：世界政治经济中的合作与纷争》，苏长和等译，上海人民出版社 2012 年版，第 57 页。

② ［美］詹姆斯·罗西瑙：《没有政府的治理》，张胜军等译，江西人民出版社 2001 年版，第 5 页。

③ 于宏源：《环境变化和权势转移：制度、博弈和应对》，上海人民出版社 2011 年版，第 42 页。

应对气候问题损益分配的非均衡性，各国在国际气候谈判过程中态度迥异，立场协调异常困难。众所周知，气候变化与温室气体排放直接相关，温室气体排放又直接关系到人类的生产生活行为，所以，气候变化问题已经超出传统的环境问题领域。气候变化国际谈判涉及的是能源生产和利用、工业生产、农业活动等经济发展模式问题，谈判全球气候变化的责任如何分担、如何确定各国的温室气体排放权，其实质是争夺未来各国在能源发展和经济竞争中的优势地位问题。[①]虽然从长远来看，各国都希望保护生态系统，避免气候变化对自然生态系统和人类社会产生不利影响；但从近期来看，各国又都不愿为减少温室气体排放而限制或影响本国的经济、社会发展，在应对气候变化问题上的"搭便车"行为似乎是各国近期在应对气候变化问题上的最优选择。各国在气候变化问题上的斗争，实质上就是为保持本国未来在能源发展和经济竞争中优势地位而进行的争夺。气候变化问题的国际谈判，也成为各主要国家利益集团政治、经济、科技、环境与外交的综合较量。[②]然而，生态系统的统一性和生物圈的整体性，使得任何国家都难以逃离气候变化可能带来的难以逆转的灾难性影响；世界的相互依赖性使得任何国家在气候变暖的浪潮中都难以独善其身。在气候变化的全球大背景下，如何通过制度聚合作用让全人类来一起共担责任和分享成果，已经成为国际社会面临的共同议题。国际制度可以改变一国对长期利益和短期利益的看法，影响一国对绝对收益和相对收益的认知。尽管各缔约方都认识到应对气候变化的重要性，也都有一定的意愿去推动国际气候合作向纵深方向发展，但除非国际社会形成具有约束力的制度框架协议，否则国家"理性人"特性让其难以通过主观自愿合作的方式来解决气候变

---

① 高广生:《气候变化问题的本质》，载吕学都主编:《全球气候变化研究：进展与展望》，气象出版社 2003 年版，第 3 页。

② 高广生:《气候变化问题的实质和中国的应对策略》，载全国政协人口资源环境委员会、中国气象局编:《气候变化与生态环境研讨会文集》，气象出版社 2004 年版，第 44 页。

暖这一全球公共问题。

经过 40 年的发展演变，国际气候治理形成了以《公约》为"母法"、以《京都议定书》和《巴黎协定》为议定书的国际气候治理制度框架。在此过程中，尽管很多非国家行为体如地方、企业、非政府组织等参与国际气候治理行动并成为气候治理的行为主体，其地位和身份也越来越多地得到联合国缔约方大会和主权国家的积极认可并在其中发挥了重要作用，但由于我们所处的世界是主权国家构成的无政府状态，主权国家对国际气候治理的历程和走向起到决定性作用，所以，本研究所强调的气候治理的国际制度建构主要是主权国家之间通过以联合国为平台的气候谈判而建立起来的用来约束相关行为体温室气体排放行为的规则、机制和机构体系。气候治理实质上是指以主权国家为核心的国际制度治理。①

第二节　国际气候制度的建构历程及发展演进

在政治多元化的今天，越来越多的组织、政党及个人开始活跃在国际政治舞台的中央，但主权国家作为国际事务治理的主角地位并未发生动摇。任何涉及全球公共问题治理的国际制度必须在得到主权国家的认可和同意下才能予以建构，其效力的发挥及强弱也依赖各主权国家政策行为的改变。主权国家的立场态度及政策行为直接决定国际制度的构建、运行及效力，国际制度对主权国家行为的规范或规制也必须在得到主权国家的同意后才能得以实施。

气候问题是一个典型的全球性的环境问题，其"人类共同关切事项"

---

① 虽然在治理实践中，全球气候治理制度的内涵和外延不同于国际气候制度，国际气候制度的内涵和外延也不等同于以联合国为平台、以《公约》及议定书为主体的多边气候治理制度，但在本书研究中并不作明显区分，三者关系作等同处理。

的法律定位和"公共物品"的经济学定位决定气候问题的最终解决只能通过主权国家之间的制度合作才能实施。建立公平、公正及有效的国际气候制度治理机制成为当今世界最核心的议题之一。气候问题的环境、经济、政治及外交等多层次含义决定了国际气候制度建构之路注定不会平坦。

一、气候问题的科学主导阶段

人类对地球气候科学的研究已持续了几个世纪，具体可追溯到法国著名化学家 J.B.J. 傅里叶，他在 1827 年最早从理论上认识到了温室气体的增温效应，认为大气中某些气体相对于另一些气体能够吸收更多的太阳辐射以保持地球表面的温度。之后，国际科学界加强了对大气浓度的监测，温室效应理论得到进一步发展。1896 年瑞典科学家 S. 阿尔赫尼斯通过计算得出大气中碳含量的增多是由于人类活动引起的结论，并指出燃烧煤炭使空气中二氧化碳浓度加倍将会导致全球平均气温增加 5—6℃。随着气候科学的发展，越来越多的科学家逐渐认识到人为的温室气体排放的增加对地球气候的影响。但是直到 20 世纪 70 年代初期，各国科学家仍没有对气候变化问题进行系统的研究。[1]

1979 年 2 月，第一届世界气候大会的召开标志着科学界在达成全球变暖问题的科学共识方面迈出了重要的一步。来自世界 50 多个国家的 400 多名科学家齐聚日内瓦，呼吁各国政府决策者采取预防性措施以应对人类对气候系统的人为干扰。该会议号召各国政府"预见和防止可能对人类福利不利的潜在的人为气候变化"。这是世界上第一次将气候变化作为严重问题看待

---

[1]　国家发改委能源研究所：《减缓气候变化——IPCC 第三次评估报告的主要结论和中国的对策》，气象出版社 2004 年版，第 3 页。

的会议，但此次会议主要受到科学家的关注，并未受到各国政府的重视。同年6月，第八届世界气象组织大会建立了世界气候计划，作为研究世界气候体系的国际协调项目，世界气候计划为气候变化研究提供了一个组织框架，更为重要的是，它推动组织了1985年在奥地利菲拉赫召开的气候会议。会议提出，虽然气候模拟结果还存在一定的不确定性，但日益增加的温室气体浓度将对气候变化产生巨大影响具有高度的可信度，会议呼吁科学家和政府决策者应积极合作以探讨有效应对气候变化的替代策略和政策。菲拉赫气候会议是国际社会应对气候问题的一个转折点，开始从强调气候问题的综合研究转到倡导政府的政治行动上来。1988年6月，加拿大政府主办了世界著名的多伦多气候会议，来自主权国家、联合国相关机构、其他国际机构及非政府组织在内的300多名科学家和政府官员参加此次大会。大会提出人类社会正在进行一场意想不到的、难以控制的、全球范围内的实验，其最终结果可能是仅次于一场全球核战争，呼吁国际社会立即采取行动，使温室气体排放量到2005年在1988年水平基础上降低20%；建立一个综合的全球框架公约来保护大气层；建立一个世界气候基金。多伦多气候会议虽然在本质上不具有官方性质，但由于加拿大、挪威两位政府首脑以及其他国家多名政府官员的参与，使其较之其他非官方会议具有更高的国际地位和影响力。1988年，在国际科学界和部分政界人士的大力推动下，世界气象组织（WMO）和联合国环境规划署（UNEP）联合成立了IPCC，其任务是定期组织对有关气候变化研究结果进行评估，以便向国际社会和各国政府提供有关气候变化的科学和技术信息。IPCC的成立是国际社会应对气候变化问题上的里程碑事件，因为在此之前，气候问题一直是由国际非政府组织主要是环境界或科学界人士倡议主导，虽然也有政府雇员参与其中，但其行为并不代表官方立场，而自此之后，各国政府开始成为国际气候合作舞台上的主角。1989年11月，在荷兰诺德维克（Noordwijk）召开有关"大气污染与气候变化"的环境部长级会议，66个国家派代表参加了会议，会议提出为了维护我们生存的星球的生态平衡，采取联合行动以限制或减少温室气体排放量、增加碳汇使温室气体浓度保持在地球自然承受范围之内；这一水平应当在足以使生态系统能够自然地适应气候变化的时间范围内实现；所有国家应根据自身能力和可行的方式立即采取行动，开发和探索各种可行方式来控制或减少温室气体排放。[①] 诺德韦克会议是第一次专门聚焦气候问题的高级政治会议。[②]

可见，气候变化这一由一百多年前瑞典科学家提出并经由其学生经过几十年的言传身教和高声疾呼，终于发展到整个国际社会决定通过建构和实施国际公约予以应对的阶段，气候问题也开始由原先的环境问题逐步演化为攸关全球的政治、经济、外交等领域的综合议题。气候变化这一原先由科学家发起的学术争论目前已演变为由政界主导的一场政治斗争，原先由科学主导的气候变化已演变为科学与政治联姻的重要载体，成为后信息时代各国综合较量的重要内容。

二、《公约》谈判及生效阶段

1989 年 12 月，第 44 届联大通过了第 44/207 号决议，"敦促各国政府、政府间和非政府间组织及科学机构通力合作，紧急拟定关于气候问题的纲领性公约和相关议定书"。1990 年 9 月，联合国环境规划署和世界气象组织组织各国政府代表召开了一次特别工作会议，以商讨气候问题谈判的方式、手段以及形式。1990 年 11 月，第二届世界气候会议召开，不同于 1979 年的第一届世界气候大会，这次会议是联合国环发会议之前聚焦气候问题的最大

---

① "The Noordwijk Declaration on Atmospheric Pollution and Climatic Change", *International Environmental Affairs*, Vol.2, No.1,（1990），p.83.

② Daniel Bodansky, "The United Nations Framework Convention on Climate Change: A Commentary", *Yale Journal of Inernational law*, Vol. 18, 1993, p.467.

的政府间会议，直接推动了政府间气候谈判委员会（INC）的成立。1990年12月，联大通过第45/212号决议，决定在大会和联合国环境规划署及世界气象组织的支持下成立一个单一的政府间谈判机构，以拟定一项有效的气候变化纲要公约和可能商定的任何相关文书，并且要求谈判过程中要充分考虑IPCC的工作成果。1991年2月，《公约》INC在美国华盛顿举行第一次谈判。1992年5月9日，INC第五次会议上就公约文本最后达成协议，并在1992年6月联合国里约环境与发展大会上开放签字，154个国家和欧共体在会上签署了该公约。但签字并不具有法律效力，只是代表了主权国家根据国际法律程序批准协议的意图和热情。

1994年3月21日，在得到第50个国家的批准90天后，《公约》正式生效。《公约》是一个框架性公约，包括序言、26条正文和两个附件。《公约》的目标是"将大气中温室气体的浓度稳定在防止气候系统受到危险的人为干扰的水平上"；并要求所有缔约方依据共同但有区别的责任原则，编制并提供温室气体的国家排放清单；合作执行适应和减缓气候变化的对策；促进信息交流与公众教育。它为发达国家和发展中国家规定应对气候变化控制温室气体的不同义务，以利于公约的签署、生效和执行。公约要求附件I所列发达国家缔约方率先采取减排行动，到20世纪末将二氧化碳和其他温室气体的排放降到1990年的水平。但对于如何界定"危险"水平和"时间框架"在该协议中并未明确规定。

从1990年12月《公约》INC正式成立，到1994年3月21日《公约》生效，大约花费了三年多的时间，相对于国际环境谈判来说，这属于比较短的谈判历程。理解《公约》谈判的进程，有两点需要注意。第一，1992年6月，里约环境与发展大会的临近给各国政府施加了巨大压力。考虑到公众对里约环发大会的关注，绝大部分代表都尽快希望能达成一个公约文本在大会上签署。第二，各国希望形成全体一致的决策机制给某些国家（如美国）以巨大的牵制和约束——如果它不是对最终结果的完全否定

（over the final outcome）。① 基于上述因素决定了《公约》的各方妥协性质，《公约》条款并未寻求去解决问题，而是采用或者罗列各方立场，或是采用模棱两可的语言或者推迟谈判的方式来满足各方的需求。② 从这个角度来看，《公约》的签署及生效只是国际气候谈判征程的一个起点，而非终点。

三、《京都议定书》的谈判及实施阶段

1995 年 3 月 28 日至 4 月 7 日，《公约》第一次缔约方会议（COP1）在柏林召开，通过了著名的"柏林授权"，同意开启一个进程以便能够为 2000 年以后的阶段采取适当行动，包括通过一项议定书或另一种法律文书，以加强附件 I 所列缔约方依第 4.2 条款（a）项和（b）项规定的承诺。进程旨在拟定政策和措施，并为附件 I 缔约方制订数量限制和削减目标。授权还规定不对发展中国家缔约方引入任何新的承诺，不过进程将继续促进第 4 条第 1 款中的现有承诺的履行。进程在最初阶段将包括分析和评估，以便为附件 I 缔约方确定可能的政策和措施。特设工作小组自 1995 年成立至 1997 年 10 月底共召开 8 次会议，中心任务是为京都会议提交议定书谈判文本做准备。各方还就议定书所应包括的温室气体种类、数目、预算期或年度削减目标等问题进行了非正式磋商。③ 整个议定书准备的过程就是各缔约方相互博弈和斗智斗勇的过程。

1996 年 7 月，《公约》第二次缔约方会议（COP2）在日内瓦召开，会议通过了《日内瓦宣言》，呼吁各缔约方制订有法律约束力的减排目标，推进《京都议定书》谈判。在此次会议上美国立场发生一定变化，开始同意制

---

① Daniel Bodansky, "The History of the Global Climate Change Regime", in *International Relations and Global Climate Change*, Urs Luterbacher and Detlef F. Sprinz（eds.）, Cambridge: The MIT Press, 2001, p.32.

② 《公约》（中文版）第 4.2 款、11 条和 13 条。

③ 王之佳：《中国环境外交》，中国环境科学出版社 1999 年版，第 173 页。

定绑定性减排义务。这迈出了发达国家达成共识的重要一步。在此次会议上，缔约方还讨论了《公约》技术转让条款的"非效率"性议题，号召公约秘书处加大该问题的应对力度，并要求发达国家加大其向发展中国家技术转让的力度。至于目标内容以及如何制定绑定减排目标留待 COP3 上谈判解决。

1997 年 12 月，在日本东京举行的《公约》第三次缔约方会议（COP3）上促生了《公约》的第一个附属协议，即《京都议定书》。《京都议定书》规定了《公约》附件 I 国家的量化减排指标，即在 2008 年至 2012 年间（第一承诺期）温室气体排放量在 1990 年的水平上平均削减 5.2%；规定了减排的 6 种温室气体种类，分别是二氧化碳、甲烷、氧化亚氮、氢氟碳化物、全氟化碳、六氟化硫；建立了 3 种"灵活机制"来帮助附件 I 国家以成本有效的方式实现部分减排目标；规定"双 55"[①] 的生效条件。

随后在阿根廷首都布宜诺斯艾利斯、德国波恩、荷兰海牙等举行的《公约》第四次、第五次、第六次缔约方会议（COP4、COP5、COP6）上各缔约方努力就《京都议定书》履约细则等问题进行谈判，但由于各方利益分歧严重，会议并未取决实质性进展，海牙会议更是以失败告终。

2001 年 10 月 29 日至 11 月 9 日，《公约》第七次缔约方会议（COP7）在摩洛哥马拉喀什召开，解决了第六次会议的遗留问题，正式通过了《布宜诺斯艾利斯行动计划》的所有决定，结束了"波恩协议"的技术性谈判，从而朝着具体落实《京都议定书》又迈出了关键的一步。经过艰苦谈判，会议以一揽子方式通过了落实"波恩政治协议"的一系列决定，统称为"马拉喀什协定"（Marrakesh Accord）。但由于美国退出《京都议定书》等原因，在最后达成的协议中，有许多指标和义务已大打折扣。[②]

---

① 即得到 55 个《公约》缔约方批准，且其中的附件 I 国家缔约方 1990 年温室气体排放量之和占全部附件 I 国家缔约方 1990 年温室气体排放总量的 55% 以上。

② 崔大鹏：《国际气候合作的政治经济学分析》，商务印书馆 2003 年版，第 15—16 页。

从 2002 年印度新德里召开的《公约》第八次缔约方会议（COP8）开始，在可持续发展框架下应对气候变化开始成为国际气候谈判的焦点议题。但不管是在此次会议还是在此后举行的《公约》第九次缔约方会议（COP9）上，有关资金、技术等发展中国家比较关心的议题谈判并未取得实质性进展，直到 2004 年阿根廷布宜诺斯艾利斯举行的《公约》第十次缔约方会议（COP10）上，各方才就制定一个为适应气候变化所带来不利影响的国际合作框架达成共识。在此背景下，《京都议定书》满足"双 55"生效标准，于 2005 年 2 月 16 日正式生效。《京都议定书》是世界上第一部旨在控制温室效应、要求缔约方共同减排温室气体的国际性条约，它为近 40 个发达国家及欧盟设立了强制性减排温室气体目标。

从 1998 年《公约》第四次缔约方会议（COP4）开始，与会方达成一份工作计划以制定灵活机制的详细操作程序，并力图在 2000 年《公约》第六次缔约方会议（COP6）上予以通过。但由于 2000 年海牙会议的失败和 2001 年美国退出《京都议定书》，致使其生效时间被迫向后推迟四年。在向伞形国家集团做出重大妥协之后，《京都议定书》于 2005 年 2 月 16 日终于满足其生效条件宣告生效。《京都议定书》谈判及生效的过程，是发达国家和发展中国家之间以及两大阵营内部之间相互斗争和妥协的产物。在议定书文本的探讨阶段主要由两大议题主导谈判进程：第一，是否为发达国家制定同等强度的减排目标；第二，是否允许发达国家用一种比较灵活的方式来完成减排目标。就第一个议题，各方最终达成妥协，即《公约》附件 I 国家同意 2008 年至 2012 年间温室气体排放量在 1990 年水平上平均削减 5.2%，但不同缔约方承担不同的具体减排目标。就第二个议题，《京都议定书》最终创造了"灵活三机制"来辅助发达国家减排，但同时规定灵活履约是发达国家国内履约的补充。京都会议只是就各国履约问题达成了框架性协议，有关履约的具体和技术性问题谈判留给了后续会议。

四、后京都^① 国际气候谈判阶段

《京都议定书》只规定了发达国家 2008 年至 2012 年的温室气体减缓行动，2012 年之后的减缓目标需要进一步谈判。由于当时最大的温室气体排放国美国游离于京都机制之外，因此，后京都国际气候谈判，一方面是为了履行《京都议定书》中的减排行动和目标，另一方面也是对后京都时代国际气候治理制度的进一步协商。

2005 年 12 月，《公约》第十一次缔约方会议暨《京都议定书》第一次缔约方会议（COP11/MOP1）在加拿大蒙特利尔召开，为维持国际社会应对气候变化的完整性和满足后京都国际气候谈判的现实需求，大会决定采用"双轨"谈判形式：一轨是在《京都议定书》下成立特设工作组（AWG-KP），就附件 I 国家第二承诺期的减排义务进行谈判；另一轨是在《公约》下启动为期两年的促进国际应对气候变化长期行动的对话。"双轨制"的确立被认为是蒙特利尔会议的最大亮点和成功之处。

2006 年《公约》第十二次缔约方会议暨《京都议定书》第二次缔约方会议（COP12/MOP2）在内罗毕召开。大会在发展中国家比较关注的适应和资金问题上取得一定进展：一是达成包括"内罗毕工作计划"在内的几十项决定，以帮助发展中国家提高应对气候变化的能力；二是在管理"适应基金"的问题上取得一致，基金将用于支持发展中国家具体的适应气候变化活动。

2007 年《公约》第十三次缔约方会议暨《京都议定书》第三次缔约方会议（COP13/MOP3）在印尼巴厘岛举行，会议着重讨论了后京都义务承担问题，即《京都议定书》第一承诺期在 2012 年到期后，全球温室气体的减排如何实施的问题，大会通过了"巴厘路线图"，提出在 2009 年哥本哈根会

---

① 后京都阶段就是指 2008—2012 年京都履约完成之后的时期，文章中提到后京都和后哥本哈根均是指同一履约阶段。

议上完成后京都国际气候制度的谈判。

2008 年《公约》第十四次缔约方会议暨《京都议定书》第四次缔约方会议（COP14/MOP4）在波兰波兹南举行。此次会议作为巴厘岛和哥本哈根的一次中间会议，既要全面回顾巴厘路线图的执行情况，又要为未来的哥本哈根谈判做好准备，是一次承前启后的重要会议，但发达国家和发展中国家在减缓、适应、技术转让和资金支持上意见分歧严重，会议并未取得实质性成果。

2009 年《公约》第十五次缔约方会议暨《京都议定书》第五次缔约方会议（COP15/MOP5）在丹麦首都哥本哈根举行。在此次会议上，发达国家与发展中国家以及各自内部的立场分歧空前严重。为了避免会议的彻底失败，各主要大国最终在妥协的基础上推出了不具有法律约束力的《哥本哈根协定》。这份文件进一步确认全球平均升温幅度不超过 2℃ 的目标，同时要求发达国家 2012 年前每年提供 300 亿美元的援助，并在 2020 年前每年提供 1000 亿美元的长期援助资金。哥本哈根气候大会虽然未能就后京都国际气候制度安排达成具有法律约束力的协议，却将国际社会对气候问题的认知和关注推到了前所未有的高度。

2010 年《公约》第十六次缔约方会议暨《京都议定书》第六次缔约方会议（COP16/MOP6）在墨西哥坎昆举行。坎昆会议使国际社会应对气候变化态度从哥本哈根的"狂热"回归国际社会的现实。此次会议最大的成果就是通过了两项应对气候变化的决议：第一，就京都第二承诺期发达国家的义务承担问题达成笼统共识，确保第一承诺期与第二承诺期之间不会出现空当；第二，进一步确认 2℃ 温控目标与落实发达国家的减排目标和发展中国家的减缓行动，同时决定成立技术转移机制。

五、《巴黎协定》谈判及生效阶段

2011 年《公约》第十七次缔约方会议暨《京都议定书》第七次缔约方

会议（COP17/MOP7）在南非德班开幕。历时十四天的艰苦谈判，主要实现了三项进展：一是建立增强行动德班平台特设工作组，该工作组的两个任务是安排 2020 年之前的减排和在 2015 年之前制定出一个适用于所有《公约》缔约方的关于 2020 年之后的减排目标的新协议；二是决定实施《京都议定书》第二承诺期；三是启动绿色气候基金。但取得这些成果的过程并不顺畅，困难重重。会议期间，美国表示只有中、印等新兴经济体进行强制减排，美方才会考虑承担强制减排责任。欧盟强调，德班气候大会应制定一个于 2015 年前缔结并于 2020 年生效的路线图，它将囊括美国和新兴经济体在内的所有主要排放国都承担减排指标的协议，这份新协议将是 2020 年后唯一具备法律约束力的全球气候协议。只有在此前提下，欧盟才接受《京都议定书》第二期的承诺。①雪上加霜的是，在本届气候大会闭幕之后，加拿大宣布正式退出《京都议定书》。这样一来，加拿大也成为继美国之后第二个签署该议定书但又在后来退出的国家。

2012 年《公约》第十八次缔约方会议暨《京都议定书》第八次缔约方会议（COP18/MOP8）在卡塔尔首都多哈举行。会议通过了《京都议定书》的《多哈修正案》，为 38 个发达国家缔约方设定了 2013 年至 2020 年的第二承诺期的温室气体量化减排指标，大会还通过了有关长期气候资金、《公约》长期合作工作组成果、德班平台以及损失损害补偿机制等方面的多项决议。加拿大、日本、新西兰及俄罗斯已明确不参加第二承诺期。此外，本届大会关闭了发达国家缔约方推进特设工作组和长期合作特设工作组，使 2015 年之前的气候谈判统一到"德班平台"的"一轨制"上来，为巴厘授权画上了句号。

2013 年《公约》第十九次缔约方会议暨《京都议定书》第九次缔约方会议（COP19/MOP9）在波兰华沙召开，气候大会上各方同意在 2015 年达

---

① 《中方回应欧美要求中国强制减排》，《京华时报》2011 年 12 月 5 日。

成一个新的适用于各国的减排协议，气候治理机制亟待转型，一个全新的适用于各国经济发展水平并且能够为各国所接受的治理机制呼之欲出。关于2013 年华沙气候大会，主要有以下几个问题：第一，虽然以 2015 年前制定出适用于所有国家的减排新协议为目标的德班增强行动平台体现了共同但有区别的责任原则，但是发达国家试图让部分发展中国家也承担减排义务，使会谈屡次陷入僵局；第二，发达国家虽然表态将出资支持发展中国家应对气候变化，但是既没提出时间表，也没提出具体数额；第三，虽然大会通过建立损失损害补偿机制[1]，同意开展相关谈判，但却没有提到补偿资金的来源，没有实质性的承诺。[2]

2014 年《公约》第二十次缔约方会议暨《京都议定书》第十次缔约方会议（COP20/MOP10）在秘鲁利马举行，会议进一步细化了 2015 年协议的各项要素并达成如下共识：重申各国须在明年早些时候制定并提交 2020 年之后气候目标的国家自主贡献预案（INDC），并对所需提交的基本信息做出要求；在自主贡献预案中，将"适应"提到了与"减缓"相似的重要位置；产生了一份巴黎协议草案，作为 2015 年谈判起草巴黎协议文案的基础。[3]但在关于绿色气候基金的筹资问题以及新协议的基本原则问题上并未达成共识。

2015 年《公约》第二十一次缔约方会议暨《京都议定书》第十一次缔约方会议（COP21/MOP11）在巴黎召开。《巴黎协定》是针对《公约》缔约方所有国家在内的 2020 年以后应对气候变化的总体制度性安排和新的气候秩序。它重申了《公约》所确定的"公平、共同但有区别的责任和各自能力"

---

[1]　损失损害补偿机制被命名为"华沙国际机制"，将设置执行小组，业务范畴在于推动缔约国加强全面性灾难管理策略相关的知识普及，提供经验交流、促进对话合作等工作，并要求发达国家提供发展中国家技术、财务与能力建构的支持，见 http://www.yucc.org.tw/news/foreign/20131125-1。

[2]　中国网：《华沙气候大会最后时刻达成协议焦点分歧仍难解》，2013 年 11 月 25 日。

[3]　《利马气候会议勉强达成草案被批大打折扣乏善可陈》，《环球时报》2014 年 12 月 15 日。

原则，共 29 条，包括目标、减缓、适应、损失损害、资金、技术、能力建设、透明度、全球盘点等内容。《巴黎协定》确立了以"自主贡献"和"全球盘点"为核心特点的自下而上的新的减排模式，是继《京都议定书》后第二份有法律约束力的全球气候协议，为 2020 年后全球应对气候变化行动做出了安排。此后举行的三次《公约》缔约方会议即 2016 年在摩洛哥马拉喀什举行的《公约》第二十二次缔约方会议暨《京都议定书》第十二次缔约方会议（COP22/MOP12），2017 年在德国波恩举行的《公约》第二十三次缔约方会议暨《京都议定书》第十三次缔约方会议（COP23/MOP13）以及 2018 年在波兰卡托维兹举行的《公约》第二十四次缔约方会议暨《京都议定书》第十四次缔约方会议（COP24/MOP14），是落实《巴黎协定》的大会，就《巴黎协定》相关条款的实施细则进行谈判并最终在卡托维兹气候大会上完成谈判，就透明度、气候资金、全球盘点以及技术评估和转移等相关问题达成一定共识，取得了"一揽子"全面、平衡、有力度的成果。

回顾国际气候合作的发展历程，以 1979 年第一届世界气候大会的召开为标志，国际科学界开启对气候问题的系统研究，通过奔走呼吁及召开世界性会议的方式，推动气候问题逐步进入各国政府的视野和国际政治议事日程。从《公约》、《京都议定书》到《巴黎协定》生效，再到波恩气候变化大会通过的"斐济实施动力"系列成果以及《巴黎协定》实施细则的达成，国际气候治理体系正处于不断发展、完善之中。回溯谈判历程，气候治理的每一次迈进无不是各缔约方之间相互妥协和交易的产物。从行为主导来看，20 世纪 80 年代末之前属于短期的科学主导阶段，相关的气候会议都是在科学专家及一些非政府主导的专业组织呼吁下召开的；20 世纪 80 年代末之后，气候治理进入主权国家主导阶段，同时进入国际气候治理制度的筹划、落实、修改等不同演进阶段。从谈判阵营来看，在进入后京都气候谈判之前，整个气候治理可以说分为发达国家和发展中国家相对泾渭分明的两大阵营，后京都气候谈判开启之后（尤其是进入后巴黎时代以后），国际气候治理的政治博弈日益复杂化，阵营界限日益模糊，发展中国家阵营的碎片化趋势进一步加剧。从气候谈判模式来看，以巴黎气候大会为分水岭，自上而下"摊派式"的强制减排已被自下而上的"国家自主贡献"所取代，各国在承诺减排方面的自主性和灵活性大为增强。从力量布局来看，发达国家由于资金、技术等方面的优势，其在国际气候谈判总体架构中明显处于强势地位，牢固地掌控着气候谈判的话语权，引领国际社会应对气候变化的趋势和潮流，在诸如升温阈值、履约方式、气候基金设置等具体议题上牢牢掌控着主导权；但发展中国家也通过合纵连横的方式牢牢抓住了气候制度建构的共同但有区别的责任原则，将应对气候变化与发展问题紧密联系起来，提升了适应问题在国际气候议程中的地位，逐步实现了国际气候谈判中减缓与适应议题的同时并举。但到目前为止，发展中国家并未获得发达国家允诺的气候资金和技术方面的支持，在应对气候变化中的被动、劣势地位未能得到根本改善。但时至今日，发达国家力图使发展中国家承担同等性质减排责任的企图也一直未能实现。气候问题的公共性以及国际社会的无政府状态决定了国际气候治理历程的步履维艰，其所达成的国际气候制度治理形式必然是各缔约方相互博弈的结果。

第二章　中国参与国际气候制度建构的历程、态度和动因

　　如果说在人类历史上没有任何危机像环境危机这样如此清晰地展示国家之间的相互依存，那么，在所有的环境问题中没有任何问题像全球气候变化这样清晰地展示出中国与世界的相互关联性。①气候问题起因的世界性、影响的全球性、危害的跨国界性，使得任何国家或行为主体都无力单独有效应对，国际气候制度合作是全球应对气候问题最实际、最可能的运作方式。国际气候制度治理实质上是对温室气体排放权一种稀缺战略资源的管理和分配，具体就是通过规范和约束主权国家的经济行为，从而减缓或限制其全球温室气体的排放。但在当前的能源结构和技术条件下，限制和约束主权国家的温室气体排放无疑会影响和阻碍国民经济的发展速度。这样，原本起源于科学认知基础上的国际气候谈判随着各国的权力和利益博弈的深入，其泛政治化现象日趋严重，不同的国情现状和利益诉求决定了各国在国际气候制度建构过程中错综复杂的立场态度和盘根错节的利益纠葛，国际气候谈判在一定程度上演变成国际社会政治博弈和经济竞争的新热点。

　　国际气候谈判和制度建构的历程，是一个通过谈判、博弈达成共识的过程。IPCC 的成立，《公约》《京都议定书》《巴黎协定》的签署生效以及后巴黎时代气候谈判历程的开启，国际气候谈判和制度建构的每一次迈进都离不

---

① 张海滨：《中国与国际气候变化谈判》，《国际政治研究》2007 年第 1 期。

开中国的参与和推动。作为世界上最大的发展中国家和温室气体排放大国，中国参与国际气候制度建构的历程、态度及动因一直成为国际社会关注和研究的重心。目前，国际学术界关于主权国家参与国际气候谈判的动因分析主要基于两种路径：一种是基于利益的分析方法，另一种是双层博弈理论。单一集权的政治结构模式决定了采用基于利益的分析模式分析中国参与国际气候谈判的动因更具有说服力。一般来说，气候领域国家利益的内涵主要包括三个方面，即经济利益、政治意愿和科学认知，但放射到不同的历史时期，三者的具体内涵或者说各国决策者对其具体内涵的认知存在较大差异。本章回溯和梳理了中国参与国际气候谈判和制度建构的发展历程，总结和概括了参与历程的立场演变特征，探究和挖掘了其立场演变背后的决定和影响因素。

第一节　气候问题科学主导阶段中国的参与、态度和动因

1990 年 INC 成立之前，国际社会有关气候问题的探讨主要集中在科学界和学术研究层面，并未进入由主权国家主导的国际政治事务领域，是气候问题的科学主导阶段。中国在这段时间对气候问题的认知虽然比较懵懂，但为了向世界展示社会主义的优越性，还是派代表积极参与了气候问题的相关会议和讨论。

一、气候问题科学主导阶段中国的参与

20 世纪 70 年代以前，现代意义上的环境保护和气候变化概念还没有在中国出现，国际环境保护运动的最初兴起对中国来说还是外来物。现代意义

上的气候问题是国际社会强行"移植"给中国的。1972年，联合国人类环境会议通过了《人类环境宣言》，第一次明确提出了气候变化问题。中国派代表团参加了这次会议，并在会议文件上签字，承诺要与世界各国合作共同解决环境问题。这次环境会议对中国来说是一次重要的教育启蒙，开启了中国环境保护的历程。

1979年第一届世界气候大会召开，中国派出谢义炳、张家诚、王绍武、郑斯中四名代表参加大会。自此，气候问题开始闯入中国政府的视野范畴。20世纪80年代中期，世界环境与发展委员会（WCED）发布的《我们共同的未来》的报告，更是直接激起了中国对生态破坏和环境污染的关注。1988年，IPCC成立，中国气象局作为国内IPCC活动的牵头单位，组团参加了IPCC历次全会和主席团会议。在会议上，中国代表积极阐述关于气候变化科学评估的基本立场，在重大问题上反映我国政府的意见和提议；积极推荐优秀科学家和研究学者参与IPCC评估报告的编写工作，并努力使IPCC评估报告引用或反映我国科学家的研究成果；组织对IPCC历次报告进行专家和政府评审，向IPCC秘书处反馈我国专家和政府的评审意见。这一时期，由于经济实力和技术水平方面的限制，中国对国际气候问题的参与程度十分有限，不过它实现了中国在气候问题领域由局外者向局内者身份的转变，为冷战后中国以更积极、更开放的姿态参与国际气候谈判，在国际气候制度建构中充分维护自身国家利益奠定了一定的基础。中国参与国际气候会议为其融入世界增添了新的窗口，同时也促进了国内环保事业的发展。

二、中国参与的态度：懵懂却积极

总体上来说，这个时期中国参与国际气候议题的探讨是懵懂却积极的，即对气候议题知识在认知上比较懵懂，但与会或参与问题讨论的态度却比较积极。经济发展水平和科技水平决定了当时中国对气候问题认知的程度。和其他发展中国家一样，当时中国只是简单地将气候问题纳入环境问题的范畴，而环境问题也局限于中国认知的工业三废（废水、废气、废渣）污染，而不是国际上谈论的生物圈、水圈、大气圈、森林生态系统等"大环境""大问题"。对于气候变化的认知，主要表现为气候变异所出现的极端气象灾害，认为这类影响巨大的灾害发生概率较小，发生情况类似于"黑天鹅"事件，主要策略则侧重于预先防范。此时，国内表述为"气候变化"的研究中，尽管有一些介绍性的文献①，但所涉及的多是气象灾害的影响与对策问题②。在国民经济和社会发展的五年规划中，纳入政策层面的，是"加强灾害性天气、气候和地震监测预报，减少自然灾害损失"，几乎不涉及减缓和适应气候变化问题。所以，中国是在对气候问题的内涵和外延都不很清楚的情况下跟人家展开辩论的。③ 而且，中国代表在气候、环境相关议题的讨论中，表现出强烈的意识形态色彩。中国代表认为资本主义是环境问题的根源，把国际上提出的"环境危机""资源有限""人口爆炸"等思想斥之为悲观主义、现代马尔萨斯论；忽略了环境与发展领域客观存在的共同利益。在此认知背景下，中国代表在相关气候、环境问题的会议上往往是泛泛而谈，多数情况下只是发布原则性声明，很难提出具有创设性的意见和具体的实施方案。

不过，中国仍旧凭借政治大国的传统外交智慧，从总体上保持了比较积极的参与状态。在 IPCC 第一次全体会议上，中国代表就提出，"气候变化是一个全球性问题，仅靠几个国家的努力远不能抑制气候条件的恶化。因此，我们支持各国政府、联合国及附属机构以及其他国际组织在应对气候变化问题上的共同努力。我们认为 IPCC 应该而且能够在应对气候变化问题方面起到重要而巨大的作用。在应对气候变化问题过程中，不能忽视发达国家

---

① 张忠华、刘云：《中国气候变化研究的文献计量分析》，《现代情报》2013 年第 7 期。

② 徐羹慧：《九十年代新疆气候变化及其对农业生产影响的估计和对策建议》，《沙漠与绿洲气象》1990 年第 6 期。

③ 《中国环保之父曲格平》，《资源与人居环境》2006 年第 10 期。

和发展中国家经济和科技发展方面的巨大差距这一现实。中国政府将积极参与气候问题研究，并作出自己应有的贡献。"[1]1989 年 6 月 3 日，李鹏总理应邀就全球环境问题发表看法时提出，气候变暖是人类面临的挑战，需要众多国家乃至全球的共同努力，中国将始终不渝地履行自己的义务，但发达国家对此应负更大的责任。[2]

这个时期，中国对待国际气候合作的立场可以总结为以下几点。首先，尊重国家主权。气候全球治理的行动必须尊重国家的自由意志，不得干涉国家内政。其次，发展优先。作为发展中国家，首要考虑的是本民族经济的发展，正确处理发展与环境的关系，在发展战略中充分考虑环境因素，我们不能因为经济发展可能会对环境产生某些影响就放慢甚至停止发展的脚步。相反，只有发展经济，不断地提高科技水平，才能为解决环境问题提供物质与技术基础。最后，要与广大发展中国家团结在一起，加强协商合作，利用与发展中国家的多数优势增强在国际谈判中的分量和话语权。对发展中国家的内部纠纷和矛盾，中国采取中立和不介入的态度，在国际气候谈判中，多采用劝解、游说的方式达成一致意见。[3]

三、中国懵懂却积极参与的动因

这一时期，中国对气候问题的认识基本上处于自发状态，对气候问题的内涵和外延都难以清楚界定，对气候相关会议召开的目的亦缺乏深刻的洞察和认知，但在此状态下，中国却积极参与了国际气候相关问题的讨论。探究其因，可能主要出于以下两个方面的考虑。

---

① IPCC, *Report of the First Session of the WMO/UNEP Panel on Climate Change (IPCC)*, Geneva, 9-11 November 1998, Annex III, p.3.

② 《共和国领导与环保（二）李鹏与环保》，《沿海环境》1999 年第 5 期。

③ 张莹：《中国气候外交的提升空间分析》，硕士学位论文，华东师范大学国际关系与地区发展研究院，2018 年，第 30 页。

　　第一，政治诉求。从本质上来说，外交是内政的直接延续，一个国家的外交活动意向取决于其内政的需要。20世纪70年代末80年代初，中国国内刚刚结束"文化大革命"，政治上"拨乱反正"，经济上正处于努力由"以阶级斗争为纲"转移到"以经济建设为中心，坚持四项基本原则，坚持改革开放"的重要转折时期。当时的中国正以一种获得新生后的激情希望打开国门、走向世界，拓展外交空间，同时提升自我，改善形象，向世人展示作为一个大国的能力和责任。气候问题的"非敏感性"和"低端政治"特点为当时还不太熟悉国际多边外交制度规则的中国提供了一个与西方世界接触、谙熟国际政治环境的绝佳机会。所以，在这一时期召开的一系列国际气候会议，中国至少从形式上是积极参与的。

　　第二，环境诉求。联合国人类环境会议之后，中国就开始意识到自身存在的环境问题。当时大连湾、胶州湾以及上海、广州一带的海湾污染比较严重，其中，大连有7处滩涂养殖场，由于污染6处已被关闭。大气污染，从东北一直到华南，几乎所有大中城市都面临空气质量问题；工业布局较混乱，生态破坏严重；森林大量砍伐，水土流失严重，草原退化惊人。[1] 针对上述问题，1973年8月，第一届全国环境保护会议在北京召开，拉开了中国环境保护的序幕。会议通过了环境保护工作32字方针[2] 和《关于保护和改善环境的若干规定（试行草案）》。1974年10月，国务院成立了环境保护领导机构和办事机构，组织全国重点区域的污染源调查和污染防治工作。1978年3月，第五届全国人大一次会议通过颁布了《中华人民共和国宪法》，规定"国家保护环境和自然资源，防治污染和其他公害"，这是我国在宪法中第一次对环境保护作出的明确规定。1979年9月，第五届全国人大第十一次会议通过了《中华人民共和国环境保护法（试行）》，标志着中国环境管理

---

　　① 曲格平：《梦想与期待》，中国环境科学出版社2000年版，第40页。
　　② 即"全面规划、合理布局、综合利用、化害为利、依靠群众、大家动手、保护环境、造福人民"。

走上法制化道路，对全国的环境保护和环境立法起到重要的推动作用。1983年，中国政府提出："环境保护是我国的一项基本国策。"[1]1989年，《中华人民共和国环境保护法》公布实行，其中第46条规定：中华人民共和国参加或者缔结的与环境保护有关的国际公约，同中华人民共和国的法律规定存在不同之处的，适用国际公约的规定，但中华人民共和国声明保留的条款除外。这就是说，除保留条款外，我国加入的国际环境公约和签订的国际环境条约，较我国的国内环境法有优先的权利。这充分说明我国当时对环境保护问题的关注和应对环境问题的积极性。

总体来说，20世纪70年代以后，中国人开始从环境保护的懵懂中惊醒过来，环保意识逐步增强，急需要向西方世界学习环保方面的理念和经验，而同期国际社会召开的一系列气候问题的探讨和会议为中国提供了绝佳的机会和途径。这时期气候会议或气候问题的探讨主要是由国际社会一批知名专家、学者呼吁组织召开的，中国多是以学生的姿态参与、学习、理解和吸收，难以谈得上与西方学者、专家的平等对话。不过中国这一时期对气候问题的了解和学习加深了中国对气候问题内涵和性质的认知，填补了中国在这一领域的空白，为此后中国参与国际气候谈判和制度建构奠定了重要的基础。

第二节 《公约》谈判及生效阶段中国的参与、态度和动因

1990年12月，以INC的成立为标志，国际社会正式开启应对气候变化

---

① 万里：《环境保护是我国的一项基本国策》，载国家环境保护总局、中共中央文献研究室编：《新时期环境保护重要文献选编》，中央文献出版社、中国环境科学出版社2001年版，第40页。

问题的公约谈判工作。随着国际气候谈判的正式开启，全球气候问题的主导权开始从科学家、环境家转移到政治家手中，国际社会进入了以应对气候变化为基础，涉及能源、经济、科技等综合博弈的"碳时代"。在经过长达 15个月的激烈磋商后，1992 年 5 月 9 日 INC 第 5 次磋商会议上《公约》草案达成，并在随后召开的联合国里约环发大会上开放签字。1994 年 3 月 21 日，《公约》正式生效。在《公约》谈判及生效的这段时间，中国政府派代表全程参与了历次气候会议的磋商与讨论。

一、《公约》谈判及生效阶段中国的参与

里约会议之前，中国政府就明确提出环境外交概念。1990 年 7 月，国务院环境保护委员会第 18 次会议通过了环境外交工作的纲领性文件《关于全球环境问题的原则立场》，其主要原则如下：坚持环境与经济的协调发展；发达国家是造成当代环境问题的主要责任者；解决全球环境问题要注意维护发展中国家的利益；建立符合发展中国家利益的国际经济秩序，充分发挥发展中国家在处理全球环境问题中的作用；中国以积极的态度迎接全球环境问题的挑战。[①]1991 年 6 月，中国政府在北京主持召开了发展中国家环境与发展部长级会议，41 个发展中国家参加并相互协调立场，商定要从历史的、累积的和现实的角度确认温室气体排放责任，并通过了《北京宣言》。《北京宣言》实质上是对中国一直所持立场的坚持和拓展，基本奠定了发展中国家在里约会议上与发达国家谈判的基调。

里约会议期间，中国代表团参加了环发大会的历次筹委会，单独或与 77 国集团一起提出一系列立场文件，对筹备工作作出重要贡献。在《公约》谈判过程中，主要有两大问题主导谈判进程。一是《公约》是否应该为温室

---

① 黄勇：《21 世纪环境外交展望》，《中国环境报》2003 年 4 月 2 日。

气体减排制定具体的减排目标和时间表；二是发达国家为发展中国家履约提供资金和技术支持的限度。对于前者，主要是欧美国家之间的争论，最后美国的主张占据优势，在《公约》中没有出现对温室气体的量化限制，但在里约会议上通过的议案中包含对减排目标和时间表支持性的语言。对于后者主要是发达国家和发展中国家之间的争论。中国和其他广大发展中国家以主权和发展权为基础，要求《公约》明确发达国家和发展中国家的基本差异。最后，在发展中国家的努力下，《公约》第3条专门规定了相关原则来指导缔约方完成公约的目标和履行其相关的条款，最重要和关键的就是第 3.1 款提出的共同但有区别的责任原则。

里约会议之后，INC 又就《公约》问题召开了 6 次会议，中国在一些关键议题上继续表达了自己的看法。在《公约》原则上，中国要求将共同但有区别的责任原则直接写进《公约》的具体条款之中，使其成为解决两大谈判问题即目标设定和时间表以及资金技术转移的基础。就是否立即开启《公约》议定书谈判问题，中国予以坚决反对，认为目前最紧要的任务就是各缔约方首先完成其在《公约》下各自承担的责任和义务，启动议定书谈判的前提条件是《公约》的充分实施，认为立即开启议定书谈判为时尚早。① 在资金和技术援助方面，中国认为"发达国家有义务根据《公约》条款为发展中国家提供资金和技术援助以加强其应对气候变化的能力"②，但在发达国家提交的信息通报里面未就该项责任予以连贯和详细说明。在联合履约方面，中国和其他发展中国家认为联合履约与经济发展的概念不协调，并且会促进排放转移，是发达国家企图转移责任的不道德行为。并且，针对可能实施的联合履约，中国和其他发展中国家提出了三个条件：第一，

---

① Michael B. Mcelroy et al., *Energizing China: Reconciling Environmental Protection and Economic Growth*, Cambridge: Harvard University press, 1998, p.523.

② Chinese INC Delegation, Statement by the Chinese delegation at INC-XI, New York, February 8, 1995.

联合履约应该仅在附件 I 国家之间实施；第二，如果某些发展中国家准备参加某些联合履约的活动，它必须是自愿的而且是建立在平等的基础之上，反对发达国家以此转移推卸责任；第三，考虑到联合履约的复杂性，任何形式的配额买卖在试验阶段都应该被排除。就是否对缔约国提交的信息进行深度评估方面，中国也持否定态度，甚至反对深度评估这一概念。中国担心对发达国家信息的评估可能会拓展到发展中国家身上，从而会损害发展中国家的主权和经济自主权。

二、中国参与的态度：积极但被动

总体说来，这一时期中国对国际气候问题的认知还比较浅显，对其解决思路思考得也比较简单，认为应对气候变化主要围绕两大思路展开：一是气候问题主要是发达国家在工业化过程中大量排放温室气体所致，理应由发达国家负主要责任。目前，发展中国家最主要的任务是发展和减贫，共同但有区别的责任原则是国际社会应对气候变化理应坚持的原则。二是牢牢抓住"主权"原则，唯恐环境治理会影响到中国经济发展的自主权。中国在不同场合反复强调每个国家享有对其自然资源的开发权和使用权。每个国家都有权利制定与其基本国情相适应的发展战略和环境政策。[①] 撇开物质和技术层面的准备工作，单从政治层面来看，这一时期中国政府的表现是比较主动和积极的。如里约会议之前，中国政府就公布了其环境外交思想和指导原则，主持召开发展中国家部长级会议；里约会议上，李鹏总理亲自率团出席，会议期间与 25 国领导人及联合国秘书长、欧共体主席等进行积极磋商与会谈，宋健国务委员率团参加了部长级会议，积极参

---

① Liu, Ho-Ching Lee, *China's Participation in the United Nations Framework Convention on Climate Change*, Ann Arobr, Mich.: UMI, 1998, p.143.

加美、欧、日、G77 代表等少数人参加的小范围会谈。会后，中国政府又积极采取措施以加快履约进程，提高履约水平，如抓紧报请立法机构批准签署公约，确定中国气象局为履约活动的牵头单位，加强现代气候变化和气候预测研究，制订"大气监测自动化系统"建设计划，加强气候资料处理能力，积极参与保护全球气候的国际研究计划等。[①] 中国是联合国安理会五大国中率先签署《公约》的国家，并且是《公约》最早的 10 个缔约方之一。

但由于资金、技术、能力及政府关注重心等方面的原因，中国在知识认知、数据统计以及科研支撑方面应对国际气候谈判的准备工作并不到位，谈判代表在国际谈判桌上的谈判缺乏针对性。从会前准备到会谈过程的具体状况看，中国基本处于被动防守的地位。当时大会上提出的绝大部分关于气候变化的监测数据和科研结果，都是由发达国家的气象和科研部门提供的，中国缺少自己的数据和科研结果，"参加国际谈判、开会，手中没有自己的科研资料，很被动"[②]，再加上语言和国际法等方面的劣势，我们对相关问题及文件"研究不够深入、透彻，与会准备不充分，有些对案和会议主题不衔接，发言次数少且针对性不强，较为被动"[③]。

三、中国被动却积极的动因

从 1990 年 INC 开始起草《公约》文本，到 1992 年在联合国里约会议上开放签字，再到 1994 年《公约》生效，在这五年左右的时间内，中国参

---

① 国家环境保护局、国际合作委员会秘书处：《中国环境与发展国际合作委员会文件汇编（二）》，中国环境科学出版社 1995 年版，第 133 页。

② 国务院环境保护委员会秘书处：《国务院环境保护委员会文件汇编》，中国环境科学出版社 1995 年版，第 249 页。

③ 国务院环境保护委员会秘书处：《国务院环境保护委员会文件汇编》，中国环境科学出版社 1995 年版，第 359 页。

与国际气候谈判的态势总体上是被动积极的。由于知识储备、信息获取以及科技能力等方面的原因，中国在国际气候谈判过程中基本处于被动应对的态势，但在这种状况下，中国仍然保持了积极的参与态度，究其原因，不外乎以下几个方面。

第一，资金、技术等具体利益的获取。在《公约》文本的谈判过程中，中国和其他发展中国家坚持以共同但有区别的责任原则为《公约》谈判基础，并使这一谈判原则在《公约》文本中多次出现。根据共同但有区别的责任原则，发达国家由于其温室气体排放的历史责任，现实较强的资金和技术能力，应首先采取措施应对气候变化，并向发展中国家提供资金、技术援助以加强其应对气候问题的能力。在共同但有区别的责任原则下，中国所承担的义务是比较小的，即准备温室气体排放清单和国家应对战略报告，不会对中国经济和社会发展产生较为实质性的影响和损害，在此前提下，积极争取尽可能多的发达国家的资金和技术支持。1992 年，中国参与《公约》谈判期间，结合国际国内形势确立了中国环境外交的基本目标，即争取外国资金和技术的支持，推动中国环保事业发展，维护中国和广大发展中国家的权益，扩大影响，提高国际地位。《公约》科技附属机构（SBSTA）督促非附件 I 国家向《公约》秘书处提交关于有关应对气候变化技术的信息通告时，中国第一个响应并提交其技术需求清单。[①] 直到今天，对资金和技术的获取仍然是中国参与国际气候谈判的重要内容之一。中国在不同场合多次强调，发展中国家的减缓和适应能力，与发达国家资金、技术的支持度密切相关，发展中国家缔约方能在多大程度上有效履行其《公约》下的承诺和义务，是以发达国家认真履行《公约》第 4.3、4.5 和 4.7 款下的义务即发达国家缔约方对其所承担的有关资金和技术转让的承诺的有效履行为前提条件。

---

① UN document, FCCC/SBSTA/1997/Misc.1.

　　第二，气候问题的环境定性。气候问题最早是作为环境问题提出来的。在《公约》谈判初期，绝大多数发达国家都认为气候问题是环境问题，起码主要是环境问题，美国可能是唯一一个从一开始就从国内政策领域看待气候问题的发达国家。[①] 由于科学认知水平上的限制，中国更是"将气候公约视为一个国际环境协定。在签署和批准公约问题上表现了非常积极的合作态度"[②]。中国虽然当时在一定程度上隐约意识到气候问题可能对其能源结构、经济发展的影响，但对温室气体减排的代价有多大，技术上是否可行，是否会影响中国的现代化建设等深层面的因素并未给予太多的思考和关注。考察中国气候问题主管机构的变迁可以较好地理解其对气候问题性质的界定。20世纪90年代末之前，有关《公约》谈判的国内协调工作主要是由国家气象局负责，对外相关的谈判工作由外交部牵头。1990年9月，由外交部条法司牵头，成立了由外交部、国家科委、能源部、交通部、国家气象局和国家环保局等单位参加的国家气候变化协调小组第四工作组，负责研究气候变化公约的有关问题并着手准备《公约》的谈判。在第四工作组的基础上，组成了中国出席第一次谈判会议的代表团。从第四工作组和第一次气候谈判会议的代表团的组成来看，当时中国更多的是把气候谈判看作关于全球环境问题的国际谈判，与后来气候谈判代表团最大的差异就是缺少主管经济发展的部门——国家发展计划委员会（国家发展和改革委员会的前身）这一后来中国气候政策的核心决策机构。

　　第三，政治因素。与前面科学主导阶段一样，这时期中国参与国际气候谈判也带有政治方面的考虑。20世纪80年代末90年代初，中国外交环境异常恶劣，苏联解体、东欧剧变，中国外交因"六四"事件受到西方

---

　　① Daniel Bodansky, "The United Nations Framework Convention on Climate Change: A Commentary", *Yale Journal of Inernational law*, Vol. 18, 1993, p.464.

　　② 庄贵阳：《后京都时代国际气候治理与中国的战略选择》，《世界经济与政治》2008年第8期。

国家的集体制裁与封锁遏制。这期间一系列国际气候会议的召开为正处于经济发展新起点上的中国突破外交困境、彻底打破制裁，促进中国与广大发展中国家的友好关系，改善与西方国家的关系提供了良好的契机和平台。中国代表团在出席联合国环发大会的指导方针中就明确提出："高举合作旗帜，坚持原则立场，强调协调发展，维护实际利益，发挥独特作用，争取积极成果，利用多边会议，增加高层接触，发展友好关系，彻底打破制裁。"[①]

第四，中国自身生态脆弱性问题。20世纪80年代末90年代初，中国正处于努力建设小康社会、全心全意进行经济建设的关键时期，对经济高速发展引发的以及可能进一步加剧的生态环境问题已有所关注。中国当时人口已超过11亿，以占世界7%的土地养活了占世界22%的人口，人均水资源只及世界平均的1/4，土地、水资源所承载的人口都大大超过了世界平均水平，[②] 农业靠"天"吃饭，工业能耗和资源消费需求增长迅猛，整个国民经济对气候变化具有高度的敏感性和脆弱性。国际社会对中国面临的环境问题也表现出极大的关注。李侃如（Kenneth Lieberthal）认为环境问题关系到中国能否有效应对和解决大规模人口迁徙、主要社会压力、潜在经济和卫生灾难，强调中国必须投入大量的资源来应对全球环境灾难。[③]"虽然气候变化问题在科学上还有一些不确定性，而其后果也将在二三十年后才显现出来，但为了国家的长远利益，建议国务院把气候变化问题提到战略决策和长远规划的高度和议事日程上来。"[④]

---

① 国务院环境保护委员会秘书处：《国务院环境保护委员会文件汇编》，中国环境科学出版社1995年版，第522页。

② 国务院环境保护委员会秘书处：《国务院环境保护委员会文件汇编》，中国环境科学出版社1995年版，第254页。

③ Lieberthal Kenneth, "China's Political System in the 1990s", *East Asia*, Vol. 10, No. 1, (Spring 1991), pp.71-77.

④ 国务院环境保护委员会秘书处：《国务院环境保护委员会文件汇编》，中国环境科学出版社1995年版，第255页。

第三节 《京都议定书》谈判及生效阶段中国的参与、态度和动因

《京都议定书》是国际社会第一部旨在控制温室效应、要求缔约方共同减排温室气体的国际性条约，在国际气候制度建构的过程中具有里程碑意义。根据共同但有区别的责任原则，《京都议定书》只为近 40 个发达国家和欧盟设置了量化减排目标，广大发展中国家暂时不承担强制性减排义务。《京都议定书》谈判及生效的过程无疑是各主权国家尤其是发达国家和发展中国家之间激烈争论和讨价还价的过程。作为最大的发展中国家和温室气体排放大国，中国在《京都议定书》谈判及生效过程中的表现和作为无疑对制度建构内容和走向产生重要的影响。

一、《京都议定书》谈判及生效阶段中国的参与

从 1995 年柏林《公约》第一次缔约方会议（COP1）开始，国际社会围绕如何落实《公约》规定的目标、原则和缔约方义务等问题开始了艰苦卓绝的谈判历程。"柏林授权"谈判的内容涉及各缔约国的实际减排义务承担，中国作为环境大国，对柏林授权进程的谈判表现较为谨慎和小心，要求对柏林授权的性质、结果甚至技术性问题都要予以明确界定。中国认为，柏林授权进程是由执行《公约》第 4.2 款（d）项的规定引发并启动的。《公约》和"柏林授权"的原则和规定是柏林授权进程的法律基础，并要求该进程在其限定范围内开展活动。"柏林授权"明确规定磋商进程不得对发展中国家引入任何新的义务。发展中国家依《公约》第 4.1 款所承担义务可以加以重申，但其履行应在考虑《公约》第 4.7 款的基础上加以推

进，① 中国还特别提出，从法律上说，只有《公约》缔约方才有权成为柏林授权进程的成员，只有《公约》缔约方所表示的意见或提交的文件或建议才构成工作组谈判的基础材料，至于来自科研机构和非政府组织等非缔约方的意见和信息不能成为会议谈判基础材料的组成部分，只能起到参考的作用。② 中国还认为，无论柏林授权进程的结果是一项议定书或者另外形式的法律文件，不管其名称如何，最后达成的法律文件的性质和内容在柏林授权中已得到确定。除了对性质和结果做出明确界定外，对柏林授权内部的一些技术性问题中国也一直积极关注。如在"共同执行行动"问题上，根据 5/CP.1 号决定，附件 I 国家和非附件 I 国家之间的共同行动，不能被看作附件 I 国家对其《公约》第 4.2 (b) 款义务的履行。《公约》下的"共同执行行动"只能被看作完成《公约》目标的辅助方式，绝不能改变缔约方在《公约》下的义务承担，并且"共同执行行动"试验阶段的温室气体减排额度和碳汇额度将不能计入任何参与方的减排账户。③

1997 年 12 月 1 日至 11 日，《公约》第三次缔约方会议（COP3）在东京召开，重要议题是要在此会议上通过一项具有法律约束力的、有明确数量与实际规定的控制温室气体排放量的议定书，各缔约方围绕《京都议定书》的具体内容展开了激烈争论。(1) 减排目标方面，中国的初始立场是每个发达国家到 2000 年将二氧化碳、甲烷和氧化亚氮减到 1990 年的水平，到 2005 年比 1990 年减少 7.5%，2010 年减少 15%，到 2020 年再额外减少 20%，所以到 2020 年总体减排量是 35%。④ 这一目标跟欧盟国家自己提出的目标要求较为相近，但与美国等伞形集团国家提出的目标要求存在较大差距。欧

---

① 即发展中国家缔约方能在多大程度上有效履行其在本公约下的承诺，将取决于发达国家缔约方对其在本公约下所承担的有关资金和技术转让的承诺的有效履行，并将充分考虑到经济和社会发展及消除贫困是发展中国家缔约方的首要和压倒一切的优先事项。具体参见《中国代表团关于"柏林授权进程"的初步意见》，UN document, September 29, 1995.

② 《中国代表团关于"柏林授权进程"的初步意见》，UN document, September 29, 1995.

③ UN document, FCCC/AGBM/1997/MISC.2/Add.2, 31 July 1997.

④ Kristian Tangen, Gørild Heggelund and Jørund Buen, "China's Climate Change Positions: at a Turning Point?", *Energy & Environment*, Vol. 12, Nos. 2&3, (2001), p.241.

盟建议到 2010 年附件 I 国家将温室气体排放量在 1990 年基础水平上减少 15%。欧盟作为一个整体,其内部根据能力原则进行适当调配。[1] 美国坚持,附件 I 国家在 2008—2012 年间将其温室气体排放水平控制在 1990 年的水平。(2) 在履约责任和履约方式问题上,发展中国家是否承担减排义务是此次会议上最具争议的一个问题。中国认为,根据"柏林授权"精神,会议将不给发展中国家引入任何新的义务,目前讨论的履约问题只是指发达国家在《京都议定书》下的义务承担问题,并要求发达国家兑现其对发展中国家资金、技术方面的支持和帮助。附件 I 国家则坚持要求发展中国家尤其是发展中大国承担减排义务,担心如果没有发展中国家"有意义的参与",发达国家单独承担京都减排义务将会影响其对外贸易优势地位。[2] 在强制履约还是灵活履约方面,各方争论也较为激烈。中国主张发达国家应实施国内强制减排,这与欧盟的立场较为相似,而美国等伞形国家则主张最大限度地灵活减排。(3) 在温室气体减排种类问题上,欧盟、日本、中国和 G77 推出了"两个篮子"方案,三种气体即二氧化碳、甲烷和氧化亚氮将包括在议定书中,另外三种气体氢氟碳化合物(HFCS)、全氟碳化合物(PFCS)和六氟化硫(SF6)将在后续会议中予以讨论。但美国却强烈要求将六种温室气体全部纳入《京都议定书》温室气体的减排范围之内[3],并且更倾向于后三种温室气体的减排,因为相比二氧化碳,美国后三种温室气体的捕获能力更强。[4] 经过激烈

① Sebastian Oberthur, *The Kyoto Protocol: International Climate Change Policy for the 21st Century*, Berlin: Springer-Verlay, 1999, p.143.

② Clare Breidenich et al., "The Kyoto Protocol to the United Nations Framework Convention on Climate Change", *The American Journal of International Law*, Vol. 92, No. 2, (1998), p.326.

③ Deborah E. Cooper, "The Kyoto Protocol and China: Global Warming's Sleeping Giant", *The Georgetown International Environmental Law Review*, Vol.11, (1998—1999), p.419.

④ Six Greenhouse Gases, *Fact Sheet Released by U.S. Delegation to the 3d Conference of the Parties*, http:// www.state.gov/www/global/oes/fs_sixgas_cop.html, 转引自 Deborah E. Cooper, "The Kyoto Protocol and China: Global Warming's Sleeping Giant", *The Georgetown International Environmental Law Review*, Vol.11, (1998-1999), p.419.

角逐，终于在会期延长一天后，发达国家和发展中国家以及各自阵营内部就议定书文本最终达成妥协，接着国际社会进入了《京都议定书》生效的具体事务或技术性事务的谈判阶段。

京都会议只是就履约机制达成了框架性协议，有关技术性问题如灵活机制的具体操作留待后续会议谈判。从1998年《公约》第四次缔约方会议（COP4）开始，与会方达成一份工作计划以制定灵活机制的详细操作程序，并力图在2000年海牙《公约》第六次缔约方会议（COP6）上予以通过。但由于各方观点分歧较大，2000年海牙会议无果而终。为挽救国际气候会议失败的命运，海牙会议续会波恩会议上通过了《波恩政治协议》，接着在《公约》第七次缔约方会议（COP7）上通过了《马拉喀什协定》，各国最终在相互妥协的基础上就有关《京都议定书》生效问题最终达成一致意见。2002年南非可持续发展会议召开，确定在可持续发展框架下应对气候变化，正式开拓了应对气候问题的新思路。中国在此次峰会上宣布批准《京都议定书》，并在京都"三机制"、国际气候谈判途径以及发展中国家"自愿承诺"等问题上表现出更加灵活和开放的态度。为挽救海牙会议失败和美国退出《京都议定书》造成的恶劣后果，中国和其他发展中国家在碳汇、灵活履约等方面被迫向伞形国家集团作出重大妥协，《京都议定书》原本微弱的约束力度更是大打折扣。2005年2月16日，在京都会议召开8年之后，《京都议定书》终于满足了"双55"的生效条件正式宣告生效。

二、中国参与的态度：谨慎且保守

这一期间，中国虽然也参加了气候会议的历次谈判，但并未真正、完全融入国际气候制度构建当中。中国参与气候谈判的立场较之以前明显趋于保守和谨慎，尤其是《公约》议定书的谈判初期，中国一度质疑国际气候谈判的"科学共识"，认为IPCC的报告未能较好地反映科学知识的不确定性及差异性。中国认为气候变化的影响因素很多，包括太阳黑子的活动，海洋的巨大调节作用，地球上生物圈、水蒸气以及云层等的调节作用，政府决策不应该建立在科学的不确定性上。在议定书内容及履约机制方面，中国的表现更为谨慎且保守。（1）就《京都议定书》的签署和批准来看，1997 年，在日本东京召开的《公约》第三次缔约方会议（COP3）上通过了《京都议定书》，中国于 1998 年 5 月 29 日签署，但直到 2002 年南非可持续发展会议上才宣布批准，前后时间长达四年，这跟《公约》的签署及批准有较大不同。《公约》是中国政府在 1992 年 6 月里约会议上签署，于 1993 年 1 月予以批准，前后仅半年时间。（2）就履约机制来讲，在京都会议上，中国对"京都三机制"表现出明显的怀疑态度，相比拉美和非洲国家，中国对排放贸易表现得更为保守。① 中国要求清洁发展机制（CDM）的实施必须与《京都议定书》第 12.2、12.3 和 12.5 款保持一致，CDM 项目的实施是附件 I 国家和非附件 I 国家基于自愿基础上"项目对项目"而非部门间或国家间的合作；强调参与缔约方政府应该对 CDM 项目的批准、实施、报告以及非履约等相关事项负全权责任，CDM 项目技术的转移应该独立于附件 II 国家《公约》下承诺的对发展中国家技术转移的义务；清洁项目是否能够促进发展中国家的可持续发展应由发展中国家而非其他参与方或国际机构进行界定；② 防止"京都三机制"之间减排额度的"可替代性"（fungibility），要求明确界定三机制之间的适用范围和本质区别。（3）发展中国家"自愿减排"方面，中国也持怀疑和否定态度。1998 年，在布宜诺斯艾利斯举行《公约》第四次缔约方会议（COP4），东道国阿根廷提出发展中国家"自愿承诺"问题，遭到了中国的激烈反对。中国认为"自愿承诺"违背了《公约》和"柏林授权"的精神，漠视了共同但有区别的责任原则，无视发达国家"奢侈排放"与发展中国家"生存排放"

① Kristian Tangen, Gørild Heggelund and Jørund Buen, "China's Climate Change Positions: at a Turning Point?", *Energy & Environment*, Vol. 12, Nos. 2&3, (2001), p.241.

② FCCC/SB/1999/INF.2/Add.1, 26 May 1999.

的基本事实。中国害怕"通过自愿承诺创立一种新的国家级别，从而打破公约体系已确立的发达国家和发展中国家的分类，打乱现有的谈判格局"①。

可以说，在这一阶段，中国仅仅抓住共同但有区别的责任原则，牢牢树立《公约》和"柏林授权"的指导精神，小心、谨慎地应对气候谈判过程中提出的减排方案和履约措施，以避免陷入发达国家的减排陷阱。虽然在2002年南非可持续发展会议后，中国参与气候谈判的积极性有所增加，但总体来说，在《京都议定书》文本的谈判及生效这段时间内，中国政府参与国际气候谈判和制度建构的态度较以前明显趋于谨慎和保守。

三、中国态度转趋谨慎且保守的动因

随着《公约》的生效，有关议定书的谈判开始进入倒计时轨道。面对具体的量化减排义务，各国之间的踌躇和犹豫接踵而至。如果说气候问题还存在一定的"不确定"性的话，那么为解决这个"不确定"性问题而走出的每一步需要的却是实实在在的、现实的和实质性的投入。中国日益真切地感受到，气候问题事实上已经超越了一个环境问题所能容纳的所有范畴，气候问题的政治、经济和外交内涵伴随实际减排义务谈判的开启已明显凌驾于环境内涵之上。

第一，气候问题的经济含义增强。这一阶段，中国对气候问题的定位发生了很大变化，由"环境问题"偏向于"经济问题"。中国认识到温室气体减排，不仅影响到"将大气中温室气体的浓度稳定在防止气候系统受到危险的人为干扰的水平上"这一长远目标，更影响到每个国家尤其是发展中国家经济发展和人民生活水平提高的近期目标。在全球应对气候变化的行动中，

---

①　王之佳：《对话与合作：全球环境问题与中国环境外交》，中国环境科学出版社2003年版，第100页。

对于已进入后工业发展阶段，能源效率高、环保理念强、低碳技术发达的发达国家更具战略优势，而对正处于工业化初期或中期阶段，能源效率低下、低碳技术欠发达，未来能源消费和排放空间需求较大的发展中国家则无疑处于战略劣势。而且，发达国家会借环境问题强迫发展中国家实施更为严格的环保标准，使得发展中国家在对外贸易中不得不面临新的非关税壁垒，① 环境问题会成为发达国家保持其经济优势的绝佳理由。《京都议定书》签订后，关于 CDM、信息通报、技术转让以及能力建设等技术性问题的谈判无不涉及国家的经济发展战略，并且在国际协议中运用市场机制本身就比较新颖，对于习惯操作计划经济的中国来说无疑比较难以接受，自然表现得更为谨慎小心。中国官员认为，尽管 CDM 有利于吸引外资，但相对于外国官方和民间的直接投资，其对中国宏观经济的影响作用不大。一旦中国认可 CDM，则 CDM 的作用将极易被夸大，从而让中国背上短期绑定减排义务的包袱。② 而且，承担温室气体硬性量化减排义务将会对中国的宏观经济产生很大的负面影响。据相关学者估计，中国温室气体排放在基准排放基础上减少 20%，将会使中国的 GNP 减少 1.5%。③ 1998 年，为了更好地应对气候问题，中国政府设立了国家气候变化对策协调小组，成员横跨十四个部委。国家发展与计划委员会开始从中国气象局手中接管协调气候变化政策的工作，成为中国制定气候变化政策的核心机构。虽然国家气候变化对策协调小组涉及多个部门，但只有小部分机构具有最终决策权。④ 气候问题的决策权不是掌握在环

---

① Maria Ivanova, "Designing the United Nations Environment Programme: A Story of Compromise and Confrontation", *International Environment Agreements*, Vol.7, (2007), p.342.

② Kristian Tangen, Gørild Heggelund and Jørund Buen, "China's Climate Change Positions: at a Turning Point?", *Energy & Environment*, Vol. 12, Nos. 2 & 3, (2001), p.243.

③ Zhang Zhongxiang, "Is China Taking Action to Limit its Greenhouse Gas Emissions? Past Eidence and Future Prospects", in *Promoting Development While Limiting Greenhouse Gas Emissions*, Goldemberg and Reid (eds.), UNDP: Washington D.C., 1998, p.12.

④ Kristian Tangen, Gørild Heggelund and Jørund Buen, "China's Climate Change Positions: at a Turning Point?", *Energy & Environment*, Vol. 12, Nos. 2 & 3, (2001), p.245.

境或技术专家手中，而是留给那些具有丰富外交实践经验的谈判专家。气候问题主管机构的权力交接不仅表明气候问题自身价值的提升，更表明中国政府开始将气候问题看作发展问题而非单纯的科学问题。

第二，气候谈判的政治内涵加剧。《公约》第4.3、4.4及4.5款规定了附件Ⅱ所列的发达国家向发展中国家提供资金和技术援助，以帮助发展中国家履行《公约》规定的义务以及应对适应气候变化所需要的资金和技术。《公约》特别强调，"发展中国家缔约方能在多大程度上有效履行本公约，将取决于发达国家缔约方对其在本公约下承担的有关资金和技术转让承诺的有效履行，并将充分考虑到经济和社会发展以及消除贫困是发展中国家缔约方首要和压倒一切的优先事项"①。但《公约》生效后，发达国家在向发展中国家提供资金和技术援助方面大多是"口惠而实不至"，远远达不到《公约》的要求，并且多次违背共同但有区别的责任原则，要求发展中国家承担减排责任。虽然在具体的减排目标和减排方式方面发达国家内部分歧很大，但在要求发展中国家承担具体限控义务方面却不无一致。1998年《公约》第四次缔约方会议（COP4）召开，发达国家再次要求发展中国家承担温室气体减排或限排义务，并在议程草案中提出发展中国家"自愿承诺"这一议题，以及利用对发达国家义务进行第二次评审的机会启动对发展中国家义务进行评审的程序，诱使发展中国家承担减排义务等。以上诸种，都导致中国在应对气候变化问题上的谨慎态度，不自觉地将气候问题提升到更高的政治斗争层面。"且不论温室气体减排的经济社会成本，温室气体减排本身已经限制了主要国家和集团的经济发展空间和手段选择。"②国际气候谈判已演变成世界主要大国之间的一场政治博弈，中国时刻担心发达国家利用《京都议定书》的谈判为发展中国家引入新的减排义务，阻碍发展中国家的工业化进程，达

---

① 《公约》（中文版）第4.8款。
② 李慧明：《欧盟在国际气候谈判中的政策立场分析》，《世界经济与政治》2010年第2期。

到控制或削弱发展中国家的目的。

第三，气候问题的外交较量凸显。自 20 世纪 90 年代国际气候谈判正式启动以来，外交部成员就在中国气候谈判代表团里面占据重要位置，用谈判技巧来弥补中国在气候问题上的准备不足。但中国真正把气候问题作为一场外交仗来打在《京都议定书》谈判时期表现得最为淋漓尽致，主要体现在两个方面，即"G77+ 中国"和中美关系上。中国与 G77 在气候领域的合作首先是由印度、巴西等发展中国家提出来的，他们希望就此问题与中国协调立场，交换意见，受到中国的积极回应。对中国而言，如果"G77+ 中国"机制在气候谈判初期具有策略性意义的话，那到了谈判的第二阶段则具有较强的战略性质。随着中国对气候问题经济内涵和政治内涵认识得深入，中国必然会努力寻找其战略联盟和外交后盾，以"G77+ 中国"机制保持中国与其他发展中国家的战略统一无疑是最佳选择。由于日益增强的国家实力以及娴熟的谈判技巧，中国实际上成为"G77+ 中国"内部最具有影响力的决策成员。"G77+ 中国"的合作方式使中国在国际气候谈判中处于一定的道义优势地位，如果脱离 G77 而单独采取行动，中国气候谈判的立场和说服力都将大打折扣。[①]中美关系跌宕起伏也成为这时期影响中国气候态度的重要因素。20 世纪 90 年代中期以后，随着中国实力的增长和国际竞争力的增强，中美之间在诸如"入世"谈判、台海冲突、最惠国贸易问题及中国驻南联盟使馆被炸等一系列外交问题上纠纷不断，矛盾凸显，这无疑辐射到中国在气候领域的谈判立场和态度。在气候问题上，美国和其他发达国家更是对中国直接施压。时任美国总统克林顿认为，气候问题是一个全球性问题，需要各国共同努力，没有中国的参与难以奏效，[②]明确提出将气候谈判与中国"入世"

① Kristian Tangen, Gørild Heggelund and Jørund Buen, "China's Climate Change Positions: At A Turning Point?", *Energy & Environment*, Vol. 12, Nos. 2&3, (2001), pp.245-246.

② President Bill Clinton, Speech for Asia Society and US-China Education Foundation meeting, Nov.10,1997,转引自 Deborah E. Cooper, "The Kyoto Protocol and China: Global Warming's Sleeping Giant", *The Georgetown International Environmental Law Review*, Vol.11, (1998-1999), p.414.

问题挂钩考虑。美国副总统戈尔在与江泽民主席会晤时，也力求通过加大资金援助来诱使中国加入温室气体减排行列。[①] 其他发达国家也普遍认为，京都履约会削弱其经济优势，强烈要求发展中国家承担类似减排责任。[②] 外交政策的外溢性不可避免地影响中国对国际气候合作的态度，增加其在谈判进程中的敏感度和警惕性。由于外交政策的外溢性，中国气候立场的发展变化不可能不受到当时中外关系尤其是中美关系的错综复杂的影响。

第四节　后京都国际气候谈判阶段中国的参与、态度和动因

2005 年 2 月 16 日，《京都议定书》的生效将气候治理带入后京都时代。后京都进程进展颇为坎坷，虽然在此后的联合国气候大会中也产生了如《波恩政治协议》《巴厘路线图》《哥本哈根协议》《坎昆协议》等一系列协定，但由于这些国际气候制度设计都没能跳出《京都议定书》的框架，它们未能很好地协调各国的利益诉求。加上美国在 2001 年宣布退出了《京都议定书》，所以为了保证全球应对气候变化问题的完整性，中国和其他缔约方迫切需要开辟新的制度合作形式来适应后京都国际气候谈判的现实。

一、后京都气候谈判阶段中国的参与

2005 年 12 月，《公约》第十一次缔约方会议暨《京都议定书》第一次

---

① Climate Change III: China Pledge to US on Emissions, Greenwire, Oct. 20, 1997, 转引自 Deborah E. Cooper, "The Kyoto Protocol and China: Global Warming's Sleeping Giant", *The Georgetown International Environmental Law Review*, Vol.11, (1998-1999), p.414.

② Claire Breidenich et al., "The Kyoto Protocol to the United Nations Framework Convention on Climate Change", *The American Journal of International Law*, Vol. 92, No. 2, (1998), p.326.

缔约方会议（COP11 /MOP1）通过决议，决定采用"双轨制"开启后京都气候问题谈判，即在《京都议定书》下成立特设工作组（AWG-KP），商谈附件 I 国家第二承诺期的减排义务问题，同时在《公约》下启动为期两年的应对气候变化长期行动的对话。中国代表团团长王金祥在会上指出，国际社会"需要探讨更多的适合各国国情并能充分调动各国积极性的国际合作机制，使政府和私营部门参与到应对气候变化的行动，特别是类似清洁发展机制这种创新的、双赢的国际合作中来"[①]。

2007 年，在印尼巴厘岛会议《公约》第十三次缔约方会议暨《京都议定书》第三次缔约方会议（COP13/MOP3）上，与会方通过了"巴厘路线图"，规定所有发达国家缔约方都要履行可测量、可报告、可核实的温室气体减排责任；发展中国家在可测量、可报告和可核实的资金和技术支持下采取行动，努力控制温室气体排放增长，并决定在 2009 年年底哥本哈根会议上必须完成后续气候制度安排。

2008 年波兰波兹南气候会议（COP14/MOP4）召开。作为连接巴厘岛会议和哥本哈根会议的中间会议，波兹南气候会议将直接决定 2009 年 12 月在哥本哈根会议上达成协定的内容。但在此次会议上，发达国家和发展中国家在减缓、适应、技术转让和资金支持问题上意见分歧严重。而且会议还出现一定程度的倒退，很多发达国家意图否定共同但有区别的责任原则，并"双轨"成"单轨"。中国政府派出了以国家发展和改革委员会副主任解振华为团长的 46 人的大型代表团，其成员来自国家发改委、外交部、科技部、环保部等多个部委以及清华大学等科技院所的专家。中国代表团在大会期间积极斡旋，努力促使大会得以顺利进行，并结合国际气候现状首次明确提出了"人均累积二氧化碳排放"的概念。

---

① 《世界气候变化大会中国提出应对气候变化挑战五主张》，2005 年 12 月 9 日，见 http://china.nowec.com/c/9/200512/17367.html。

2009 年丹麦哥本哈根气候会议（COP15/MOP5）召开，中国在会上表现出积极姿态，提交了 2020 年相对于 2005 年的减排承诺，并表示不争取发达国家的资金援助。中国要求发达国家 2020 年在 1990 年的基础上至少减排 40%；要求分别建立适应基金、减缓基金、多边技术获取基金和能力建设基金，发达国家缔约方每年应至少拿出 GDP 一定比例（0.5%—1.5%）的资金用于给上述基金提供资金支持；国际社会要设立负责技术开发和技术转让的专门组织机构、建立专门的技术开发和技术转让资金机制——多边技术获取基金。① 同时，积极倡导组建基础四国，精心准备，高调出击，在谈判中随机应变，合纵连横，成功守住了底线，并在努力关头积极促使主要谈判方之间达成《哥本哈根协议》。②

2011 年在德班气候会议（COP17/MOP7）召开，中国等发展中国家以欧盟加入《京都议定书》第二承诺期为交换条件作出巨大让步，同意建立德班增强行动平台特设工作组，确定 2015 年之前制定一个适用于《公约》所有缔约方的法律工具或法律成果，作为 2020 年后的全球应对气候变化的基础。德班增强行动平台的确立标志着 2015 年之前的国际气候谈判将转移到德班平台，而原有"双轨制"的谈判将在 2012 年《京都议定书》第一期承诺结束之后不再存在，"双轨制"开始逐步变为"单轨制"，中国等发展中国家将与发达国家被纳入德班增强行动平台同一个轨道的谈判下。2012 年多哈气候会议（COP18/MOP8）召开，中国和其他发展中国家共同粉碎了部分西方国家企图借德班平台启动否定《公约》共同但有区别的责任原则的阴谋，并最终促使气候"一揽子"协议的通过。

---

　　① 潘家华等：《2008—2009 年全球应对气候变化形势分析与展望》，载王伟光、郑国光主编：《应对气候变化报告》，社会科学文献出版社 2009 年版，第 34—35 页。

　　② 张海滨：《关于哥本哈根气候变化大会之后国际气候合作的若干思考》，《国际经济评论》2010 年第 4 期。

二、中国参与的态度：积极而务实

进入新世纪，尤其是后京都国际气候谈判开启以后，作为国际气候合作治理的重要参与方，中国参与气候谈判的立场和态度变得更为积极、开放和活跃，不论是其宏观定位还是对待具体议题的态度上都表现得比较明显。2009年6月5日，在国家应对气候变化领导小组暨国务院节能减排工作领导小组会议上，中国政府对哥本哈根气候会议给予高度评价，表示中国要积极参与谈判，发挥建设性作用，全力推动哥本哈根会议取得积极成果。[①] 在一些具体议题如CDM方面，中国由原先的保守、怀疑，转变为现在的积极支持和广泛参与。COP7之后，中国对CDM的态度发生了较大程度的变化，这通过CDM机制的认证、批准及实施系统的建立得以充分体现。中国政府认识到"清洁发展机制作为一种比较有效和成功的合作机制，在2012年后应该继续得到实施"[②]。为了推动国内减排的市场化机制建设，2008年8月至9月，北京、上海和天津先后成立了三家环境与排放权交易所，开展国内排污权等环境与能源产品的交易。其中，天津排放权交易所由中油资产管理有限公司、天津产权交易中心和芝加哥气候交易所三方出资设立，分别持有总股份的53%、22%和25%。[③] 截至2009年7月1日，中国在联合国已经成功注册的清洁发展机制合作项目达到579个，这些项目预期的年减排量为1.8亿吨二氧化碳当量，有助于推动减排项目的实现。

在义务承担方面，中国调整了反对"自愿承诺减排"、资金使用等方面的立场，以更加灵活的态度推动国际气候合作。中国政府以前一直强调，中国在达到中等发达国家水平之前，不可能承担温室气体减排义务，但在哥本

[①]　潘家华等：《2008—2009年全球应对气候变化形势分析与展望》，载王伟光、郑国光主编：《应对气候变化报告》，社会科学文献出版社2009年版，第34页。

[②]　中华人民共和国国务院新闻办公室：《中国应对气候变化的政策与行动》，2008年10月31日，见 https://www.fmprc.gov.cn/ce/ceun/chn/xw/t521511.htm。

[③]　王伟光、郑国光主编：《应对气候变化报告》，社会科学文献出版社2009年版，第49页。

哈根会议前后，在中国政府或官员的相关气候问题的发言中，对"达到中等发达国家水平之前"的时间概念似乎不再提及。2009 年 9 月 22 日，时任国家主席胡锦涛在联合国气候变化峰会上明确提出中国应对气候变化的目标，"争取到 2020 年单位国内生产总值二氧化碳排放比 2005 年有显著下降；大力发展可再生能源和核能，争取到 2020 年非化石能源占一次能源消费比重达到 15%左右；大力增加森林碳汇，争取到 2020 年森林面积比 2005 年增加4000 万公顷，森林蓄积量比 2005 年增加 13 亿立方米。"[1] 接着温家宝总理在哥本哈根气候大会上对此目标予以进一步补充，指出到 2020 年中国单位产值温室气体排放比 2005 年下降 40%—45%，并将其纳入国民经济发展规划。在气候合作机制方面，中国日益重视《公约》外双边或多边机制的作用。2008 年，胡锦涛在经济大国能源安全和气候变化领导人会议上指出，"要坚持把《公约》及其《京都议定书》作为气候变化国际谈判和合作主渠道、其他倡议和机制作为有益补充的安排。"[2] 而在以前，中国一直强调"沿着公约所确立的原则和目标、沿着议定书所开启的航程坚定地走下去，是我们唯一正确的选择"。这个时期，中国参与了很多多边或双边的气候合作实践。多边层面，中国是"碳收集领导论坛""甲烷市场化伙伴计划""亚太清洁发展和气候伙伴计划"的正式成员，是八国集团和五个主要发展中国家气候变化对话以及主要经济体能源安全和气候变化会议的参与者；双边层面，中国与欧盟、印度、巴西、南非、日本、美国、加拿大等国家和地区建立了气候变化对话与合作机制，并将气候变化作为双方合作的重要内容。

　　进入新世纪尤其是后京都国际气候谈判开启以后，中国关于国际气候谈判的立场和态度发生了很大程度的变化，立场更加积极、务实，态度趋于灵

---

　　[1]　《胡锦涛出席联合国气候峰会开幕式并发表讲话》，2009 年 9 月 23 日，见 http://www.china.com.cn/economic/txt/2009-09/23/content_18583722.htm。

　　[2]　《在经济大国能源安全和气候变化领导人会议上的讲话》，2008 年 7 月 11 日，见 http://politics.people.com.cn/GB/1024/7497381.html。

活、开放，切实以负责任的大国身份来推动后京都国际气候谈判和气候制度
建构。甚至一些发达国家谈判代表也意识到，"尽管中国代表在气候谈判中
所坚持的基本原则没有发生根本变化，但自第 10 次缔约方会议后中国政府
谈判言辞和态度方面发生微妙变化，变得易于接近和沟通。"① 尤其哥本哈根
会议之后，中国积极推动《哥本哈根协定》的落实，并采取越来越严格的国
内政策来实现节能减排的目标，但对于 2012—2020 年以及之后是否承担约
束性的国际减排义务并没有明确的政治共识。②

三、中国态度转趋积极而务实的动因

进入 21 世纪以后，随着国际国内形势的发展变化，中国外交总体上明
显呈现出积极、务实、活跃、开放的新特征。气候外交作为总体外交多棱体
上的特定一面，必然表现其总体面貌，成为同期中国参与国际事务、融入国
际社会的一个"缩影"。具体来说，主要包括以下影响因素。

第一，国际气候谈判格局和形势的发展变化。2000 年海牙会议谈判的
失败和 2001 年美国布什政府宣布退出《京都议定书》，使得国际气候谈判
的格局和形势发生了很大变化。国际气候谈判陷入了一种类似"囚徒困境"
的境地，人类社会迫切需要"在妥协中为打破僵局寻求一条可行的解决途
径"。③ 在这种境况下，为了实现国际气候治理的最终目标，防止国际气候
治理制度和模式的彻底失败，需要像中国这样的气候谈判领域的关键方调
整其先前的立场和态度，大力推进"囚徒困境"中的国际气候谈判进程。
随着整体实力的增强和国际地位的提高，中国开始以更加积极和务实的态

---

① Guri Bang , "Shifting strategies in the global climate negotiations", CICERO Report, 2005, p.14, http://homepage.mac.com/mschwegler/cdm_schwegler/page4/files/FNI-R0605.pdf.

② 郇庆治：《中国的全球气候治理参与及其演进：一种理论阐释》，《南京师范大学学报（哲学社会科学版）》2017 年第 4 期。

③ 陈迎：《全球气候变化政治较量升温》，《人民日报》2007 年 12 月 7 日。

度来参与国际事务，力图创建、改造或重塑国际制度，不仅要打造"世界的中国"，更要塑造"中国的世界"。国际气候制度治理的"新生性"及发展趋势的"不确定性"为中国积极参与气候谈判、铸造中国烙印提供了良好的契机和平台。

第二，对气候问题战略契点的重新认知。2002年9月，约翰内斯堡可持续发展世界首脑会议之后，如何在可持续发展战略框架下考虑减缓和适应气候变化问题已成为国际气候谈判的新思路，并在《公约》第八次缔约方会议（COP8）上通过的《德里宣言》中予以明确认定。在这种国际背景下，中国政府开始意识到，可持续发展不仅是应对气候变化的需要，更是自身经济和环境可持续发展的要求，将应对气候变化纳入国家可持续发展战略框架和社会经济发展规划之中，不仅不会影响建设资源节约型和环境友好型社会，而且还可以通过参与国际气候合作项目获取促进中国可持续发展的资金和技术，进而实现应对气候变化和促进经济发展的"双赢"。今天的气候问题已突破了单一议题的范畴，成为一个涉及伦理与道义、制度与规范、合作与纷争的国际政治经济议题，成为影响未来国际关系的一个重要支点和拐点。国际气候谈判的实质已不再仅是主权国家的发展空间之争，亦是权力之争、形象之争，各国无不力争扛起应对气候变化这一事关人类生死存亡的道德大旗，抢占应对国际气候问题领域的主导权，在气候治理和制度建设方面走在时代前列，并力争成为这一领域的"领头羊"。

第三，中国气候脆弱性凸显。IPCC作为世界上最权威的气候问题科学共识的提供者，其颁布的评估报告每次都以更加肯定的语气断定人类活动对气候变化的重要影响。2007年IPCC在其报告中指出，将人类活动对气候变化的影响信度由原来的66%提高到90%，指出人类活动很可能是导致近50年来气候变暖的主要原因。由于科技水平和认知能力的限制，人类社会对气候变化影响的评估尚存在一定的不确定性，但由于气候变化影响的不可逆转性，采取"无悔"政策以应对气候变化成为人类社会不可避免的抉择。据统计，近百年来中国年平均气温升高了 0.5—0.8℃，略高于同期全球增温平均值，近 50 年变暖尤其明显；近 50 年来，中国主要极端天气与气候事件的频率和强度出现了明显变化；中国沿海海平面年平均上升速率为 2.5 毫米；中国山地冰川快速退缩，并有加速趋势。中国科学家预测与 2000 年相比，2020 年中国年平均气温将升高 1.3—2.1℃，2050 年将升高 2.3—3.3℃；未来 100 年中国境内的极端天气与气候事件发生的频率可能性增大；中国沿海海平面仍将继续上升；青藏高原和天山冰川将加速退缩，一些小型冰川将消失。[①] 中国的发展阶段、技术水平、资源环境等国情现状决定其在气候问题上的敏感性和脆弱性较强，受气候变化的影响和危害较大。为防止气候变化可能带来的不可逆转的毁灭性影响，中国有必要采取"无悔"政策以加大应对气候变化的力度和程度。

第四，中国温室气体排放总量的增长。由于人口基数、发展阶段、能源结构以及发展模式等方面的原因，中国的温室气体排放增长速度。根据世界资源研究所的数据统计，2006 年，中国的二氧化碳排放量为 6219.8Mt 二氧化碳当量，占世界排放总量的 21.79%。此后中国温室气体的排放量连年持续增长，虽然与发达国家的人均排放差距多少可以缓和中国的温室气体减排压力，但在西方国家大肆夸张与渲染的聚光灯下，中国已成为影响后京都国际气候谈判和制度建构的关键词，没有中国的实质减排参与，国际社会应对气候变化的努力将不具有任何现实意义似乎已成为国际共识。在低碳经济大行其道的今天，越来越多的西方国家力图将其在低碳技术、低碳能源和低碳产品的优势直接转化为其未来经济竞争和国际秩序重构的砝码。不论是为了应对气候问题、缓解国际压力，还是为了迎接新形势下国际竞争的需要，低碳经济都将是中国不得不解答的一道新命题。

---

① 国家发展和改革委员会：《中国应对气候变化国家方案》，2007 年 6 月，第 4—5 页。

第五节　《巴黎协定》谈判及生效阶段中国的参与、态度和动因

2015 年 12 月，近 200 个缔约方在巴黎气候大会（COP21/MOP11）上达成《巴黎协定》，并于 2016 年 11 月 4 日正式生效。《巴黎协定》的最主要意义或价值，在于它终结了全球气候（环境）政治在 2009 年年底所陷入的停滞状态，从而为"后 2020 时代"的气候治理体系构建提供了一个共同性平台——重新涵盖了包括美国等在内的世界主要经济与政治主体。①

一、《巴黎协定》谈判及生效阶段中国的参与

2014 年，秘鲁利马气候会议（COP20/MOP10）的核心内容主要是围绕德班增强行动平台进行谈判，主要包含两个议题：其一，全面增强 2020 年前各个国家在《公约》下的活动，包含经济领先国家在《京都议定书》第二履约期的排放量减少责任；其二，初步确定 2015 年巴黎气候大会上要通过的协议文案的草案。中国在此次会议上处于相对主动的位置。一方面，在目前的谈判中确保了《公约》的主渠道地位和共同但有区别的责任原则等；另一方面，在减缓承诺方面确保了"国家自主贡献"，避免了对各方目标强制性的国际评估和审评。②

2015 年 11 月，巴黎气候大会（COP21/MOP11）召开。中国国家主席习近平出席巴黎气候会议并在开幕式发言中全面阐述了气候治理中国方案，这是中国最高领导人第一次出席气候会议。对 2015 年要达成的新协议，中

---

① 袁倩：《〈巴黎协定〉与全球气候治理机制的转型》，《国外理论动态》2017 年第 2 期。
② 卜宇乔：《从哥本哈根到巴黎：中国在气候领域的国际合作》，硕士学位论文，黑龙江大学，2017 年，第 36 页。

国表现出了更加开放的态度，提出中国支持新的协议适用于所有缔约方，但必须坚持共同但有区别的责任原则。绝不能把"共同"和"但有区别"的责任割裂；对于新协议是否具有法律约束力的问题，中国主张先确定内容，再敲定形式，但各国都必须遵守达成的协议；对于是否将《京都议定书》确立的"自上而下"减排模式改为"自下而上"，即各缔约国根据本国历史责任和能力提出目标并作出承诺，中国持开放立场，愿意与各方深入讨论。会议最终批准《议定书》第二期修正案，启动国家自主贡献。① 最终，在中国、美国、欧盟以及其他缔约方的积极谈判，达成了在国际气候制度建构历程中又一具有里程碑意义的《巴黎协定》。

2016 年 11 月的马拉喀什气候会议（COP22/MOP12）是应对气候变化里程碑式文件《巴黎协定》正式生效后的第一次缔约方大会。解振华在会前表示，希望马拉喀什气候大会继续保持各国均发挥积极的建设性作用、追求合作共赢这一氛围，并承诺中国将在"做好自己的事"的同时，坚持走绿色低碳发展道路，落实 2030 年左右使本国二氧化碳排放达到峰值目标的同时，在气候谈判进程中继续发挥积极的建设性作用。

2017 年 6 月 1 日，美国特朗普政府宣布退出《巴黎协定》（以下简称"美国退约"），给正在推进中的国际气候治理带来严重影响。美国宣布退约当天，中国外交部发言人华春莹在例行记者会上表示，气候变化是全球性挑战，没有任何一个国家能够置身事外，中方愿与有关各方共同努力，维护《巴黎协定》成果，推动全球绿色、低碳、可持续发展。②6 月 3 日，李克强总理在柏林出席商务活动时重申，中国将继续履约《巴黎协定》，尽最大努

---

① 国家自主贡献：指以各国自主提出本国应对气候变化的目标的形式推动实现全球控温总体目标，各国不承担强制性减排义务，但受到程序设定上的约束。最早出现在 2013 年华沙气候变化会议上，并写入《巴黎协定》，是当前国际社会公认的减排模式。

② 《外交部：无论其他国家立场如何变化，中国将认真履行〈巴黎协定〉》，环球网，2017 年 6 月 1 日，见 http://news.ycwb.com/2017-06/01/content_24974000.htm。

力坚定不移地朝着 2030 年全球目标迈进。① 在此后举行的"基础四国"第二十五次气候变化部长级会议和第二十六次气候变化部长级会议上，中国都强调了有效、持续实施《公约》《京都议定书》《巴黎协定》各个方面的最高政治承诺。而且，在中方积极推动下，"基础四国"第二十六次气候变化部长级会议通过的《联合声明》中载入了"在低碳和气候适应型发展领域构建人类命运共同体"的思想，这是"构建人类命运共同体"理念首次体现在应对气候变化的国际文件中。②

2017 年 11 月，斐济主办的波恩气候会议（COP23/MOP13）召开，中国在会上积极协调各方，通过了名为"斐济实施动力"的一系列成果，就《协定》实施涉及的各方面问题形成了谈判案文，为卡托维兹气候大会胜利召开铺平道路。

2018 年 12 月，波兰卡托维兹气候大会（COP24/MOP14）召开。在此次会议之前，习近平总书记在 G20 领导人布宜诺斯艾利斯峰会上号召各方继续本着构建人类命运共同体的责任感应对气候变化，发出了推动应对气候变化国际合作的强烈信号。在会议召开期间，中国又充分发挥了穿针引线作用，不仅在"G77+ 中国""基础四国""立场相近发展中国家"内部加强了沟通协调，而且做了欧盟、美国等伞形集团国家以及一些其他国家的工作，为本次气候变化大会顺利完成发挥了关键作用。

二、中国参与的态度：建设性引领

这一时期，中国虽然依然强调发达国家和发展中国家的历史责任、发展

---

①　"U.S. Quitting Paris Climate Deal Leaves World Shaking its Head"，xinhua, Jun 3, 2017, http://www.xinhuanet.com/english/2017-06/02/c_136334812.htm。

②　《第二十六次"基础四国"气候变化部长级会议在南非德班举行》，中华人民共和国生态环境部门户网站，2018 年 5 月 29 日，见 http://www.zhb.gov.cn/gkml/sthjbgw/qt/201805/t20180529_441752.htm。

阶段、应对能力都不同，共同但有区别的责任原则不仅没有过时，而且应该得到遵守，但对国际气候合作新协议的立场日趋开放，对《巴黎协定》中"根据不同的国情"之规定也开始灵活性认知和对待。同时，中国根据国际气候政治格局的现实变化以及中国自身的发展实际，以更加积极的姿态将应对气候变化与国内生态文明建设联系起来思考，从构建人类命运共同体的战略高度来提出气候变化的中国智慧和中国方案，深度参与并引领国际气候新协议的制定。

第一，积极主动提交国家自主贡献目标文件。中国在巴黎气候大会上向《公约》秘书处提交了应对气候变化国家自主贡献文件《强化应对气候变化行动——中国国家自主贡献》，提出了 2020 年后应对气候变化行动的目标：二氧化碳排放 2030 年左右达到峰值并争取尽早达峰；单位国内生产总值二氧化碳排放比 2005 年下降 60%—65%，非化石能源占一次能源消费比重达到 20%左右。[①] 这是中国首次正式向《公约》秘书处提出国家自主贡献，全面表达了中国对 2015 年新协议谈判的意见，有助于推动巴黎气候会议取得圆满成功。美国白宫称赞中国此举为推动巴黎气候变化大会达成协议提供了"持续动力"。法国奥朗德总统对中方提交的国家自主贡献文件表示欢迎，认为其确认了中国在"生态文明建设"方面的承诺。

第二，明确表示出主动担当、示范引领的意愿。习近平总书记出席巴黎气候大会并发表重要讲话，强调《巴黎协定》应该有利于实现公约目标，引领绿色发展；有利于凝聚全球力量，鼓励广泛参与；有利于加大资源投入，强化行动保障；有利于照顾各国国情，讲求务实有效，为谈判过程中存在的焦点难题指明了方向。会后中国率先签署《巴黎协定》，充分展现了大国担当。面对当前《巴黎协定》遭受的美国退约、英国脱欧等种种危机，习近平

---

① 《强化应对气候变化行动——中国国家自主贡献（全文）》，2015 年 6 月 30 日，见 http://www.gov.cn/xinwen/2015-06/30/content_2887330.htm。

总书记在 2017 年瑞士达沃斯峰会上强调,《巴黎协定》符合全球发展大方向,成果来之不易,应该共同坚守,不能轻言放弃,要牢固树立人类命运共同体意识,共促全球发展。2017 年党的十九大报告明确提出中国要"引导应对气候变化国际合作,成为全球生态文明建设的重要参与者、贡献者、引领者"①,为中国应对气候变化、推动全球生态文明建设做出清晰定位。

第三,主动给不发达国家和小岛屿国家提供经济和技术支持。中国虽然在《公约》等国际法层面没有向其他国家提供气候援助的义务,但作为负责任大国,中国不但主动向最不发达国家和小岛国让利,提出放弃部分援助的使用权,并主动开始对发展中国家提供经济和技术上的支持。在 2012 年 6 月举行的联合国可持续发展大会上,时任国务院总理温家宝宣布,中国政府将拨款 2 亿元人民币开展为期 3 年的气候变化南南合作,支持和帮助非洲国家、最不发达国家和小岛屿国家等应对气候变化。②2014 年国务院副总理张高丽在联合国气候峰会上宣布,中国将大力推进应对气候变化南南合作,在现有基础上把每年的资金支持翻一番,将达到 2000 万美元,建立气候变化南南合作基金。③2015 年习近平总书记访美期间宣布,中国将设立南南合作援助基金,首期提供 20 亿美元支持发展中国家落实 2015 年后发展议程,并将增加投资力争 2030 年达到 120 亿美元。④同时,中国还通过各种方式为小岛屿国家、最不发达国家、非洲国家及其他发展中国家提供实物及设备援助,对其参与气候变化国际谈判、政策规划、人员培训等方面提供大力支持,并启动在发展中国家开展 10 个低碳示范区、100 个减缓和适应气候变

---

① 习近平:《决胜全面建成小康社会　夺取新时代中国特色社会主义伟大胜利——在中国共产党第十九次全国代表大会上的报告》,人民出版社 2017 年版,第 6 页。

② 《中欧气候变化联合声明》,2015 年 6 月 30 日,见 http://www.gov.cn/xinwen/2015-06/30/content_2886776.htm。

③ 《中国建气候变化南南合作基金》,2014 年 9 月 26 日,见 http://www.mofcom.gov.cn/article/i/jyjl/k/201409/20140900745385.shtml。

④ 《习近平访美 49 项成果清单公布》,2015 年 9 月 27 日,见 http://politics.people.com.cn/n/2015/0927/c1001-27638936.html。

化项目及 1000 个应对气候变化培训名额的合作项目。[①]

三、中国态度转向建设性引领的动因

从科学研究的角度来看待中国应对气候变化政策演变的动因有一个历史性的变化，从化解外来压力维护发展权益，到内源性的协同需要与责任担当，是中国结合时代背景和国内实情作出的现实选择。

1. 国内环境政治的"溢出效应"

随着中国经济体量的增大，粗放式发展的弊端也逐步显现出来，环境遭到了破坏和污染，在气候领域表现为极端天气气候事件增多，影响农业的种植生产，洪涝干旱灾害影响波及范围扩大，应对气候变化需要付出更大的经济和社会成本。尤其是近年来出现的大范围雾霾影响到中国人的生活幸福指数，大气、水、土壤污染成为中国社会经济发展的明显短板。从碳排放轨迹和生态环境演化上看，中国急需减少化石能源消耗，减缓碳排放压力，从而拓展发展空间。为此，中国必须摒弃"三高"的发展模式，转向绿色发展。在此背景下，中国将气候变化行动纳入生态文明建设和"十三五"规划之中，推动低碳经济的发展和能源结构的转型，积极回应全球长期减排和低碳发展的需求，推进应对气候变化与环境治理的协同治理并提高自身气候变化适应能力的建设。[②]

2. 气候治理的现实需求

IPCC 第五次评估报告明确指出，人为温室气体排放导致的气候变化已经并将持续对人类社会和自然生态系统造成威胁，需采取有效的适应和减缓

---

① 国家发展和改革委：《中国应对气候变化的政策与行动 2017 年度报告》，2017 年 10 月，见 http://www.ndrc.gov.cn/gzdt/201710/W020171101318500878867.pdf。

② 高云：《巴黎气候变化大会后中国的气候变化应对形势》，《气候变化研究进展》2017年第 1 期。

措施。一旦全球表面温度升幅超过了"门槛值"，很多地区的海洋和淡水生态系统会发生突发的、不可逆转的变化。根据 IPCC 第五次评估报告，实现全球温升 2℃ 的目标，需要在 2030 年将全球温室气体排放量控制在 500 亿吨二氧化碳当量，即 2010 年的排放水平；2050 年全球排放量要在 2010 年的基础上减少 40%—70%；2100 年实现净零排放。[①] 根据联合国环境规划署 2017 年 11 月发布的"排放缺口报告"，《巴黎协定》所要求的所有缔约方提供的"国家自主贡献"所作出的全球减排承诺，与《巴黎协定》所规定的全球温升不超过工业革命前水平 2℃ 目标要求的减排量仍然具有较大的差距，构成《巴黎协定》基础的"国家自主贡献"大约只覆盖了实现《巴黎协定》2℃ 目标所要求减排量的 1/3，减排缺口仍然非常惊人。该报告得出的压倒性结论显示，迫切要求加速国家的短期行动并加强长期的国家减排力度。[②] 这种巨大的排放缺口如果得不到有效弥补，即使当前各国提出的国家自主贡献完全实施，到 2100 年全球温升仍然会达到 3.2℃（或 3.16℃）。[③] 全球温室气体排放达峰的要求，以及气候变化本身可能带来的风险势必成为中国长远发展必须考虑的外部制约因素，实现低碳发展将是中国协调经济发展与应对气候变化的必然选择。

3. 气候政治格局的变化

中国已成为国际气候治理体系中的重要力量。根据联合国环境规划署（UNEP）的统计，就温室气体排放量来看，2017 年，世界主要国家和地区的温室气体排放中，前五位的分别是：中国占 26.80%，美国占 13.10%，欧

[①]　IPCC, Climate change 2014: *Mitigation of Climate Change*, Cambridge: Cambridge University Press, 2014, p.52.

[②]　UNEP, "Emissions Gap Report 2017", *United Nations Environment Programme*, Nairobi, Nov.2017.

[③]　Climate Action Tracker, "Improvement in Warming Outlook as China and India Move Ahead, but Paris Agree-ment Gap Still Looms Large", Nov. 15, 2017, https://climateactiontracker.org/publications/improvement-warming-outlook-india-and-china-move-ahead-paris-agreement-gap-still-looms-large/.

盟（28 国）占 9.00%，印度占 7.00%，俄罗斯占 4.60%。[①] 而且，随着中国经济社会的发展，中国的人均温室气体排放量也日益上升，受此影响，中国政府在减缓气候变化方面的责任更重。[②] 中国的温室气体排放现状及国际气候治理格局的变化决定了中国是气候问题解决的关键成员。因此，面对全球性的气候变化问题，中国不仅要做好自己的事情，也要为全球安全作出贡献，不断增强国际话语权，与国际社会加强合作，共同应对气候变化。

4. 中国外交的积极转型与责任担当

2014 年，习近平总书记在德国科尔伯基金会的演讲中代表中国政府谈到中国要为全球问题的解决提供中国方案，这是中国与全球治理之间关系的一个转折点，标志着中国将为全球性问题的解决贡献更大的力量。自此，中国在国内、国际不同场合多次表示要发挥引领作用、承担更大责任的意愿和担当。

在 2016 年杭州 G20 峰会上，习近平总书记指出，面对世界性挑战，中国与二十国集团要与时俱进、发挥引领作用，进一步从危机应对向长效治理机制转型。2017 年党的十九大报告也强调指出，中国要引导应对气候变化国际合作，成为全球生态文明建设的重要参与者、贡献者、引领者，首次把引领气候治理和全球生态文明建设写进党的报告，并明确把推动构建人类命运共同体作为中国外交的重要理念和目标。通过这些讲话可以看出，中国有意愿参与全球治理，推动全球治理体系向更为公正合理的方向演化，并愿意在全球治理体系的转型中发挥积极的引领作用。这表明中国的外交正在发生积极转型，随着中国全球影响力的大幅提升，中国愿意为更多全球性问题的解决贡献自己的力量，提供更多的全球公共产品，尤其是在国际气候治理

---

① UNEP, "Emissions Gap Report 2018", *United Nations Environment Programme*, Nairobi, Nov.2018.

② 巢清尘：《国际气候变化科学和评估对中国应对气候变化的启示》，《中国人口·资源与环境》2016 年第 8 期。

领域，中国将积极贡献自己的力量，为推动全球生态文明建设而发挥引领作用。

　　随着中国国力的提高和对国际事务的参与度不断深入，中国参与国际气候谈判的立场和态度发生不断的变化，逐步从气候治理"参与者"转向气候治理"引领者"。中国气候立场和态度转变的背后是基于其现行发展阶段和顺应时代发展潮流而做出的必然选择，中国应当把握时代机遇，通过引领国际气候治理进程，努力营造清洁稳定的气候环境，创造绿色经济发展机会，增强中国的软实力，提高中国在国际合作中的地位。① 回溯历程，中国参与国际气候谈判的最明显特征就是连续性与时段性的统一。连续性主要表现在中国对基础原则的坚持上，共同但有区别的责任原则是中国参与国际气候谈判和制度建构过程中自始至终坚持的底线；时段性则是指中国在参与国际气候谈判的过程中所表现出的从懵懂积极到积极被动，从谨慎保守到积极务实，再到建设性引领的立场和态度的转化，且每次立场演变背后都有推动和影响因素。总体来说，中国参与国际气候谈判的立场经历了一个由被动到主动、由消极到积极、由坚持原则性到坚持原则性与灵活性相统一的过程。纵观中国参与国际气候谈判的历程，可以发现其每次立场态度演变之间虽不具有截然的分界线，但却带有鲜明的时代痕迹和现实烙印，是同期中国走向世界、融入国际社会的一个缩影。

---

　　① Felix Preston, "China Is Well Positioned to Take on the Green Mantle", *The World Today*, December 2016 & January 2017, pp.20-21.

第三章　中国参与国际气候制度建构的作用和特点

应对气候变化涉及国际社会所有国家的利益分配和义务摊派，是一场充满矛盾、硝烟弥漫的国际斗争。国际气候谈判从表面上看是动员各自为政的主权国家通过制度合作实现"将大气中温室气体的浓度稳定在防止气候系统受到危险的人为干扰的水平上"这一全人类共同利益，以维护能源消费、经济发展和生态系统的平衡协调，实质上是对各国未来经济发展空间和排放容量的分配，影响到各国经济未来的市场竞争力和国际权势体系的转移。国际气候会议的主旨是探讨人类的共同命运问题，但是在一个高度政治化的国际体系中，权力分配结构与主导性的体系文化无疑会对会议产生重要和深远的影响。在很大程度上说，气候谈判实质上是政治谈判而非科学研讨，各国（集团）在峰会中都要为贯彻落实自己的经济利益而确立或争夺包含不同议题的话语主导权。在运用国际气候制度对气候问题进行治理的过程中，每个国家都努力将自身对气候问题的利益认知和价值理念融入制度建构中，力求从气候制度安排中获取利益优势，至少使本国的战略利益在国际制度议价中不被牺牲掉。国际气候制度治理中的主要原则、规范、规则和决策程序很大程度上要依赖于各主权国家尤其是政治大国间谈判、妥协、承诺与认可方得以实行。作为世界上最大的发展中国家，中国在国际气候制度建构中的地位举足轻重。

一般来说，国家对国际制度的建构主要体现在三个方面。第一，国家对国际制度建构的科学基础的贡献力度，即科学话语权。国际制度谈判的目的是为了应对和解决某一公共性议题，要想实现其预定目标，就必须具备一定程度的合法性与合理性。合法性就是国际制度必须得到参与国的一致同意，合理性就是国际制度必须反映人类对美好生活的一般追求，而国际制度具备合法性与合理性的前提就是其本身谈判的起点即所要解决的问题具备一定的"科学共识"。在气候领域的国际制度决策中，专业知识或专家通常扮演权威性的角色。哈斯（Peter Haas）在分析地中海污染防治机制时提出，谁掌握了知识，谁就拥有国际议题决策的权威。[①] 哈丁（Hardin）指出："合作的程度有赖于可获取知识的质量。"[②] 第二，国际制度建构的道义基础，即道义话语权。道义话语权就是利用国际道义的感召力在要解决的公共性议题定位及解决机制上争取主导权。第三，国家在具体制度安排过程中发挥的作用，即制度话语权。国际制度的谈判一般是在国际会议上由各国谈判代表、相关专家、学者或国际组织的代表通过商讨、论证、讨价还价后达成协议，再经由各国国内相关机构批准后方能成为共同遵守的规范制度。在国际制度的具体谈判和磋商阶段，各谈判方凭借建立在自身综合实力基础上的制度议价能力力图影响或控制国际制度的发展趋势和走向。

第一节　中国与国际气候治理科学话语权

为了应对气候变化，1988年世界气象组织和联合国环境规划署专门建

---

①　Peter M. Haas, "Do Regimes Matter? Epistemic Communities and Mediterranean Pollution Control", *International Organization*, Vol.43, No.3, (1989), pp.387-389.

②　Russell Hardin, *Collective Action*, Baltimore: The Johns Hopkins University Press, 1982, p.182.

立了一个新的国际机构——IPCC。IPCC 的主要任务是召集世界上最优秀的有关气候、环境相关领域专家、学者对气候变化的科学认识、影响以及适应和减缓的可能对策进行整合和评估。从其成立至今，IPCC 已经颁布了五次评估报告，每次评估报告的公布都直接推动了国际气候谈判的进展及公约、协定的签署和通过，并为全球温室气体减排目标这一核心议题提供了科学依据。IPCC 并不是一个科学研究机构，而是一个有科学家参与的政治机构，其目标不是探索地球变暖的科学知识，而是对相关科学知识进行综合并作出政治评估。[①] 由于气候科学及其涉及范围的特殊性，政治决策者们需要有关气候变化成因、潜在环境和社会经济影响以及可能的对策等客观的信息来源。气候科学的真理性、客观性、普遍性这种一般意义上的科学相对于政治的独立性来看又为这种需求提供了合法性的保证。这样，渗透着政治博弈的科学话语成为各主权国家努力争夺的重要目标。

一、国际气候治理中的 IPCC

IPCC 是国际社会评估气候变化相关科学最为重要的国际机构。气候问题之所以能在 20 世纪 80 年代末 90 年代初踏入国际政治舞台，一个重要的原因在于 IPCC 不断提出有关气候变化与人类行为之间关系的"科学"事实。

（一）IPCC 的成立

随着气候问题越来越引起国际社会的关注，各国政府意识到构建一个新的国际气候评估组织的重要性和紧迫性。[②]1988 年，经联合国大会批准，

---

① 强世功：《"碳政治"——新型国际政治与中国的战略选择》2009 年 9 月 11 日，见 http://media.ifeng.com/partner/detail_2009_09/11/385970_2.shtml。

② Bert Bolin, *A History of the Science and Politics of Climate Change: The Role of the Inter-governmental Panel on Climate Change*, New York: Cambridge University Press, 2007, p.46.

世界气象组织（WMO）和联合国环境规划署（UNEP）联合建立了 IPCC，旨在定期为决策者提供气候变化科学基础、其影响与未来风险、适应与减缓方案的评估报告。作为国际气候变化谈判的科学咨询机构，IPCC 负责收集、整理和汇总世界各国在气候变化领域的研究工作和成果，提出科学评价和政策建议。IPCC 自身并不开展研究，不开展气候测量，也不制作自己的气候模式；只是对每年发表的数千份科学论文进行评估，告知决策者了解哪些和不了解哪些气候变化相关的风险；确认科学界在哪些方面能够达成共识，又在哪些方面存在意见分歧，以及哪些方面需要进一步研究。总体来看，IPCC 的报告虽不具政策指令性，但却与政策密切相关，可为决策者提供选择方案用以落实决策者确定的目标。

（二）IPCC 的结构框架

IPCC 由联合国环境署（UNEP）和世界气象组织（WMO）的成员国组成。IPCC 全会是 IPCC 的决策机构，由各成员国政府代表参与。IPCC 全会按世界气象组织划定的区域选举由 30 人组成的 IPCC 执行局，负责 IPCC 决议的执行和事务管理。IPCC 在日内瓦的世界气象组织内设秘书处，有书记、副书记各一名，分别由世界气象组织和联合国环境署指派官员担任。

IPCC 专设三个"科学"评估工作组，涉及气候变化的科学、影响和减缓气候变化的技术、社会和经济分析等方面。每个工作组设两位共同主席，一位来自发达国家，另一位来自发展中国家，均由 IPCC 全会选举产生。IPCC 主席以及三个工作组主席的选择体现了科学能力和政治考虑的权衡。当然工作组结构的考虑也极为重要。第一工作组和第二工作组分别设置两位副主席，由于利益的权衡第三工作组设置了五位副主席。[1]

---

[1]　Bert Bolin, *A History of the Science and Politics of Climate Change: The Role of the Inter-governmental Panel on Climate Change*, New York: Cambridge University Press, 2007, p.50.

IPCC 评估报告写作组的专家，需要由各国政府推荐，IPCC 执行局同意。评估报告包括若干章，每章由两位专家担任本章写作小组的组长，原则上要求分别来自发达国家和发展中国家。五名以上的主要作者，要求至少有一位来自发展中国家。此外，每章还有分别来自发达国家和发展中国家的两位评审编辑（Review Editor），负责各章作者对专家和政府评审意见采纳情况的督查。各工作组专家的评估报告从初稿到定稿要经过三个环节，第一个是专家评估，第二个是政府／专家评估，第三个是英文的《政府决策者摘要》（Policymaker Summary）。① 从第三次评估报告开始，新增加了一份《技术概要》（Technical Summary），内容比《政府决策者摘要》更为充实具体。

（三）IPCC 在国际气候谈判中的作用

从社会科学的角度来看，科学评估可以被理解为社会过程，这种过程有助于将专业知识转化为政策形式的知识，进而对实际决策过程产生某种形式的影响。②IPCC 在气候变化问题上通过定期的科学评估为全世界提供全面综合的科学信息，历次评估报告的结论已经成为国际社会和各国政府制定相关政策的重要依据。IPCC 通过其复杂程序出台的评估报告具有很强的权威性，增进了人类关于气候变化的知识。近年来随着全球气温的反常表现以及由其所造成的气候灾害事件的频繁发生，加上科学界尤其是 IPCC 在评估预测气候变化问题上作出的卓越贡献，国际社会对地球正在变暖这一论断似乎已无太多疑义，减少和控制温室气体排放，"将大气

---

① 所谓政府评审，是由政府组织专家，以各国政府的名义向写作组提交意见；专家评审则是以专家个人名义对报告提出评审意见。正是通过这一渠道，各国政府、非政府组织、利益集团以及各学术流派要求修正、增加或删除有关观点和内容。由于评估报告太长，而且学术性较强，政策制定者难以全面审查认可。

② Bernd Siebenhuner, "The Changing Role of Nation States in International Environmental Assessments—the Case of the IPCC", *Global Environmental Change*, Vol.13 ,（2003）, p.113.

中温室气体的浓度稳定在防止气候系统受到危险的人为干扰的水平上"已成为全人类共识。IPCC 所发布的系列气候变化评估报告系统地给出了与国际应对气候变化进程密切相关的科学结论，代表了国际科学界对气候变化及其影响、应对的认识水平，具有极强的政策导向性，历来受到国际社会的高度关注。①IPCC 在气候变化问题上通过定期的科学评估为全世界提供全面综合的科学信息，其每次报告都以更加肯定的语气证实人类活动与气候变化关系的"真实性"，成为国际社会和各国政府制定相关政策的重要依据。通过梳理历次 IPCC 的主要结论与《公约》的主要进程可见，IPCC 的重要结论及报告往往能够对谈判进程起到推动和支撑作用。IPCC 第一次评估报告（FAR）于 1990 年发布。该报告第一次系统地评估了气候变化学科的最新进展，并从科学上为全球开展气候治理奠定了基础，从而推动 1992 年联合国环境与发展大会通过了旨在控制温室气体排放、应对全球气候变暖的第一份框架性国际文件"公约"。1995 年发布的 IPCC 第二次评估报告（SAR）尽管受到了部分质疑，但却为 1997 年《京都议定书》的达成提供了科学支撑。IPCC 第三次评估报告（TAR）开始分区域评估气候变化影响，相应在《公约》的谈判中适应议题也逐渐被提高到成为和减缓并重的应对气候变化途径。②2007 年发布的 IPCC 第四次评估报告（AR4）开始将温升和温室气体排放结合起来，综合评估了不同浓度温室气体下未来的气候变化趋势，为 2℃ 被作为应对气候变化的长期温升目标奠定了科学基础。③ 尽管 2009 年达成的《哥本哈根协议》并不具备法律效力，但经此之后 2℃ 温升目标被国际社会普遍承认。2014 年完成的

---

① 董亮、张海滨：《IPCC 如何影响国际气候谈判——一种基于认知共同体理论的分析》，《世界经济与政治》2014 年第 8 期。

② IPCC, *Climate Change 2001: The Scientific Basis*, Cambridge: Cambridge University Press, 2001.

③ IPCC, *Climate Change 2007: The Physical Science Basis*, Cambridge: Cambridge University Press, 2007.

IPCC 第五次评估报告（AR5）进一步明确了全球气候变暖的事实以及人类活动对气候系统的显著影响①，为巴黎气候变化大会顺利达成《巴黎协定》奠定了科学基础。《巴黎协定》中设定的全球温控目标——努力把全球平均气温较工业化前水平升高控制在 2℃ 以内，并为把升温控制在 1.5℃ 之内而努力——再次证明了 IPCC 评估报告在国际气候谈判中的科研基础地位。《巴黎协定》首次凝聚全球各种力量，推动各国共同努力实施绿色低碳的可持续发展路径。②

（四）IPCC 背后的政治利益博弈

IPCC 是一个不依附于任何国家的国际政府间组织，其开展气候变化评估的科学基础是经过同行评议、公开发表的科学文献，理论上不应受到政治影响。尽管，IPCC 在其规则设定、作者遴选等环节均考虑到利益冲突的问题并设法规避。但 IPCC 在评估报告的编写程序上规定，各个工作组的评估报告都要经过两次专家和政府评审。IPCC 作为气候变化科学研究的重要机构，在实际的运作中已经成为各种政治力量角力的对象。

IPCC 是各国政府之间的科学研究机构，但由于 IPCC 评估报告的主要结论在气候变化谈判中起到越来越重要的作用，各方争夺 IPCC 话语权的斗争变得越来越明显。西方发达国家凭借气候科研中的领先地位，一直企图主导 IPCC 的报告内容，进而控制气候谈判的进程和走向，掺杂政治因素的倾向十分明显。"特别是在 IPCC 第四次评估报告编写过程中，由于欧盟专家的大量参与，欧盟主导 IPCC 评估工作格局的意图渐显，其目的就是要把 IPCC 评估报告作为推动由在其所主导的全球共同采取减排行动的科学武

① IPCC, *Climate Change 2013: The Physical Science Basis*, Cambridge: Cambridge University Press, 2013.

② 张永香、巢清尘等：《气候变化科学评估与全球治理博弈的中国启示》，《科学通报》2018 年第 23 期。

器。"① 把温室气体浓度稳定水平与气候变化影响阈值问题联系起来考虑，是发达国家施压发展中国家的主要理论依据。②"2℃阈值"以及由此提出的全球在2050年以前将温室气体排放在1990年的基础上至少减少50%，都是由欧盟率先提出的。但有专家分析指出，"2℃阈值"并非科学界普遍认同的模型，不具有权威性。甚至更有专家提出，2℃阈值不是毋庸置疑的科学结论，而是价值判断和政治决策。③ 就在哥本哈根气候会议召开的前夕，多位西方国家的顶级气候学家的邮件和文件被黑客公开，这些邮件和文件显示，一些科学家在操纵数据，以支持气候变暖结论，这一事件被西方媒体称为"气候门"，而主角正是IPCC的几位成员。实际上，从"曲棍球门""气候门""冰川门"到如今的"亚马逊门"，隐含在这些争议背后的是IPCC报告日益成为国际气候谈判的角逐对象。一些人开始质疑气候变暖不过是发达国家为了自身利益策划的一场骗局。而同样的政治诱惑也有可能将科学家引向另外一个方向。实际上，由于气候变化的不确定性，关于气候变化的争论一直都存在，到目前为止，还没有哪一种学说或观点能够给我们一幅清晰的气候变化的图像。④ 尽管如此，目前世界其他研究机构的数据仍有力地支撑着"近百年全球地表温度具有升高趋势"这一结论，人类活动对气候变化产生影响这一结论总体上是站得住脚的。为了减缓气候变暖，逐步削减温室气体的排放也已经成为大多数科学家及政府机构的共识。但在今后的国际气候谈判中，国内学者要慎用外国的数据，尽量使用自己获取的一手数据也成为国内专家的共识。⑤ 国家气候中心副主任、IPCC工作组专家罗勇指出，虽然

---

① 洪蔚：《最大限度从科学上赢得气候外交主动权》，《科技时报》2009年12月11日。
② 戴晓苏、任国玉：《气候变化外交谈判的科技支持》，《中国软科学》2004年第6期。
③ 《科技点评：气候变化说文解字》，2009年12月7日，见 http://env1.people.com.cn/GB/10531694.html。
④ 张强、韩永翔、宋连春：《全球气候变化及其影响因素研究进展综述》，《地球科学进展》2005年第9期。
⑤ 钱炜：《气候变化研究，中国应该发出自己的声音》，《科技日报》2010年1月24日。

IPCC 自成立以来，一直以独立的、科学权威的姿态出现，但由于先天的政府背景，不可避免地打上了政治因素的烙印，成为各国和国际上各利益集团争夺科学话语权乃至道义制高点的重要舞台，体现着各国政府和科学界在应对气候变化问题上力量和智慧的较量。[①] 中国需要在气候变化上展开自己独立的研究，发出自己的声音。[②] 中国气象局局长郑国光在参加大会时说，"在利用我们自己的体系进行研究后，我们发现对方的研究漏洞百出。他们把中国的极端天气情况说成常见情况，从而误导舆论"[③]。在国际气候谈判中，专业的气候科学知识成为政治博弈的重要资源，甚至"异化为发达国家牟取或操控经济利益和政治利益的手段"[④]。

在政府评审中，各国政府可以就报告内容向写作组提出修正、增加或删除等修改意见，而终稿需要根据"协调一致"的原则经由所有成员国政府的批准，这就意味着任何一个国家的拒绝都可能导致评估报告无法通过，这就使得 IPCC 为了能够使报告得以顺利通过，不得不在报告内容上做出取舍。在各工作组报告的撰写上和综合报告的决策者摘要（SPM）的审核上，这种情况更为明显。[⑤] 对于 IPCC 报告中"决策者摘要"的部分，参与讨论的既有科学家，也有各国政府代表，政治博弈的力量在报告的生成过程中就已经渗入其中。在巴黎的一次讨论会上，18 页的摘要一共花了 4 天的时间讨论，最后拖至凌晨才最终形成。"会场上大家谈的都是科学问题，但实际上一听就知道背后有着明显的政治诉求。"[⑥] 以第四次评估报告决策者摘要中这样一

① 洪蔚：《最大限度从科学上赢得气候外交主动权》，《科技时报》2009 年 12 月 11 日。.

② 钱炜：《气候变化研究，中国应该发出自己的声音》，《科技日报》2010 年 1 月 24 日。

③ 《郑国光：气候科研奠定"话语权"》，2009 年 12 月 17 日，见 http://news.163.com/09/1217/11/5QO027MV000120GU.html。

④ 《郑国光：气候科研奠定"话语权"》，2009 年 12 月 17 日，见 http://news.163.com/09/1217/11/5QO027MV000120GU.html。

⑤ 潘家华：《国家利益的科学论争与国际政治妥协》，《世界经济与政治》2002 年第 2 期。

⑥ 袁瑛、郭海燕：《谁绑架了科学？ IPCC 遭遇史上最强信任危机》，《南方周末》2010年 2 月 4 日。

句话为例："20 世纪以后的大多数观测到的全球平均温度的升高，非常可能源于观测的大气二氧化碳浓度的增加……"① 这句话正是第四次评估报告最核心和最关键的结论，而现在的这种表述，则是与会的各国专家和政府代表经过数次修改和妥协的结果。由于二氧化碳浓度与减排之间的关联，报告内容深深触及各国未来的发展权，发展中国家和发达国家的政治诉求不同，在文本的表述上也反映出不同的态度，欧洲国家比较倾向于将表述写得更为确定，而发展中国家则往往更强调不确定性的一面。② 以 IPCC 为科学基础的气候变化谈判背后，无疑是各个国家利益的博弈。尽管联合国气候变化谈判不同于科学研究，但其往往又从需求侧为气候变化科学研究指出了重点方向，在一定程度上指引了当前科学研究的方向，并使这些最新结果最终在IPCC 的评估报告中得以体现，以气候谈判中长期目标的达成为例，其量化过程就是国际政治谈判引导科学研究方向并利用科学研究的成果实现政治共识的过程。

二、中国专家参与 IPCC 评估报告的状况 ③

从 1990 年开始，IPCC 先后发布了五次评估报告，中国自始至终一直积极参与其中。为了更好地梳理和分析中国对 IPCC 评估报告的参与情况，本节将分组分析中国参与 IPCC 报告评估的动态状况，以期发现中国参与

---

① IPCC：《第四次评估报告：气候变化 2007》，2010 年 2 月 4 日，见 http://www.ipcc.ch/pdf/assessment- report/ar4/syr/ar4 syr cn.pdf.

② 袁瑛、郭海燕：《谁绑架了科学？ IPCC 遭遇史上最强信任危机》，《南方周末》2010 年 2 月 4 日。

③ 作者参与情况是根据评估报告中附件所列内容或主要章节所列作者参与情况统计所得。由于部分参与评估的专家姓名并未列入主要章节里面，所以根据后者统计的人员名单应该要低于实际的人员参与情况。而且，根据章节所列人员统计的人员数量，更可能是人次而非人数，因为有的学者可能参与了不同章节的工作内容。由于统计方法的机械性，数据存在些许误差，只具有参考价值。

IPCC 评估报告的变化及特点。

就第一工作组的参与状况来看（见表 3-1），1990 年 IPCC 第一次评估报告中，主要作者 34 人、贡献作者 250 人、评审编辑 242 人，其中，中国主要作者 1 人、贡献作者 8 人、评审编辑 11 人。1995 年 IPCC 第二次评估报告中，主要作者召集人 15 人、主要作者 65 人、贡献作者 408 人、评审编辑 541 人，其中，中国主要作者 2 人、贡献作者 5 人、评审编辑 8 人。2001 年 IPCC 第三次评估报告中，主要作者召集人 21 人、主要作者 98 人、贡献作者 586 人、评审编辑 27 人，其中，中国主要作者 7 人、贡献作者 4 人、评审编辑 1 人。2007 年 IPCC 第四次评估报告中，主要作者召集人 22 人、主要作者 121 人、贡献作者 555 人、评审编辑 26 人，其中，中国作者召集人 1 人、主要作者 8 人、贡献作者 11 人、评审编辑 1 人。2014 年 IPCC 第五次评估报告中，主要作者召集人 30 人、主要作者 176 人、贡献作者 720 人、评审编辑 50 人，其中，中国主要作者 15 人、贡献作者 8 人、评审编辑 3 人。

表 3-1　IPCC 第一工作组（WGI）中国专家参与情况

中国参与评估报告	作者召集人		主要作者		贡献作者		评审编辑	
	人数	比重	人数	比重	人数	比重	人数	比重
FAR（1990）			1	1/34	8	8/250		
SAR（1995）	0	0	2	2/65	5	5/408	8	8/716
TAR（2001）	0	0/21	7	7/98	4	4/586	1	1/27
AR4（2007）	1	1/22	8	8/121	11	11/555	1	1/26
AR5（2014）	0	0/29	15	15/176	8	8/720	3	3/50

数据来源：1990 年和 1995 年 WGI 的专家参与情况是根据报告后所列附件内容统计所得，其余则是根据主要章节后所列专家参与情况统计所得。

就第二工作组的参与状况看（见表 3-2），1990 年 IPCC 第一次评估报告中，作者召集人 17 人、主要作者 23 人、贡献作者 156 人，其中，中国只有 5 名贡献作者。1995 年 IPCC 评估报告中，作者召集人 41 人、主要作者 231 人、贡献作者 300 人，其中，中国主要作者 7 人、贡献作者 9 人。2001 年 IPCC 评估报告中，主要作者召集人 40 人、主要作者 157 人、贡献作者 245 人、评审编辑 33 人，其中，中国作者召集人 1 人、主要作者 4 人、贡献作者 8 人、评审编辑 3 人。2007 年 IPCC 评估报告中，作者召集人 48 人、主要作者 131 人、贡献作者 256 人、评审编辑 49 人，其中，中国作者召集人 2 人、主要作者 4 人、贡献作者 7 人。2014 年 IPCC 评估报告中，作者召集人 64 人、主要作者 179 人、贡献作者 495 人、评审编辑 14 人、科学志愿者 36 人，其中，中国作者召集人 3 人、主要作者 8 人、贡献作者 6 人、评审编辑 1 人、科学志愿者 1 人。

表 3-2　IPCC 第二工作组（WGII）中国专家参与情况

中国参与评估报告	作者召集人		主要作者		贡献作者		评审编辑	
	人数	比重	人数	比重	人数	比重	人数	比重
FAR（1990）	0	0/17	0	0/23	5	5/156		
SAR（1995）	0	0/41	7	7/231	9	9/300		
TAR（2001）	1	1/40	4	4/157	8	8/245	3	3/33
AR4（2007）	2	2/48	4	4/131	7	7/256	0	0/49
AR5（2014）	3	3/64	8	8/179	6	6/495	1	1/14

数据来源：WGII 评估报告专家参与情况是根据评估报告主要章节专家罗列情况统计所得。

就第三工作组的参与状况看（见表 3-3），1990 年评估报告主要章节只列举了作者召集人的参与人数，共有 23 位召集人，其中，中国专家 1

人。1995 年 IPCC 评估报告，作者召集人 36 人、主要作者 66 人、贡献作者 26 人、评审编辑 154 人，其中，中国作者召集人 3 人、评审编辑 1 人。2001 年 IPCC 第三次评估报告中，作者召集人 20 人、主要作者 106 人、贡献作者 70 人、评审编辑 19 人，其中，中国主要作者 5 人、贡献作者 1 人。2007 年 IPCC 第四次评估报告中，作者召集人 25 人、主要作者 143 人、参与作者 86 人、评审编辑 26 人，其中，中国作者召集人 1 人、主要作者 11 人、贡献作者 3 人、评审编辑 1 人。2014 年 IPCC 第五次评估报告中，第三工作组作者召集人 35 人、主要作者 201 人、贡献作者 236 人、评审编辑 36 人，其中中国作者召集人 3 人、主要作者 14 人、贡献作者 3 人、评审编辑 1 人。

表 3-3　IPCC 第三工作组（WGIII）中国专家参与情况

中国参与评估报告	作者召集人		主要作者		贡献作者		评审编辑	
	人数	比重	人数	比重	人数	比重	人数	比重
FAR（1990）	1	1/23						
SAR（1995）	1	1/36	0	0/66	0	0/26	1	1/ 154
TAR（2001）	0	0/20	5	5/106	1	1/70	0	0/19
AR4（2007）	1	1/25	11	11/143	3	3/86	1	1/26
AR5（2014）	3	3/35	14	14/201	3	3/236	1	1/36

数据来源：WGIII 专家参与情况是根据评估报告主要章节专家罗列情况和后面所列附件情况统计所得。

通过对 IPCC 三个工作组五次评估报告的数据统计可以看出，中国在过去四十年间一直派专家积极参与 IPCC 历次评估报告的评估工作，并呈现出如下特点。

第一，中国专家参与 IPCC 评估报告的绝对量呈上升趋势（如图 3-1）。

1990 年中国专家参与 IPCC 评估报告的情况是，作者召集人 1 人、主要作者 1 人、贡献作者 13 人、共计 15 人。1995 年中国专家参与 IPCC 评估报告的情况是，作者召集人 1 人、主要作者 9 人、贡献作者 14 人、共计 24 人。2001 年中国专家参与 IPCC 评估报告的情况是，作者召集人 1 人、主要作者 16 人、贡献作者 13 人，共计 30 人。2007 年中国专家参与 IPCC 评估报告的情况是，作者召集人 4 人、主要作者 23 人、贡献作者 21 人，共计 48 人。2014 年中国专家参与 IPCC 评估报告的情况是，作者召集人 6 人、主要作者 37 人、贡献作者 17 人，共计 60 人。

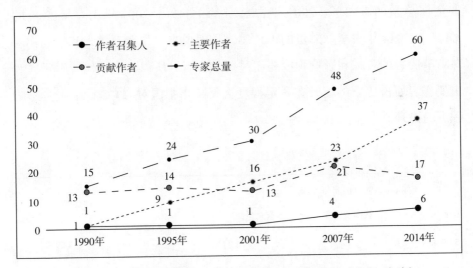

图 3-1 中国专家参与 IPCC 历次评估报告的人员情况（单位：人次）

第二，中国专家参与 IPCC 评估报告的相对量变动不太明显，但对评估报告的影响力度却有所提升（如图 3-2）。虽然在过去四十年间，中国参与 IPCC 报告评估专家人数呈绝对上升趋势，但由于全球参与 IPCC 评估报告人数均有一定程度的上升，所以从相对量层面来看，中国参与 IPCC 评估报告的专家人数（作者召集人、主要作者和贡献作者）的变动并不明显。1990 年，中国专家参与人数占全球总量的 2.98%，1995 年和 2001 年所占比例有所下降，分别占 2.68% 和 2.23%，2007 年又有所提升，达到 3.46%，2014 年又下降到 2.81% 水平。但从参与人员的结构来看，却有很大变化。从作者召集人来看，1990 年，中国的作者召集人占全球总量的 2.5%，1995 年和 2001 年分别下降到 1.30% 和 1.23%，但此后所占比率大幅度提升，2007 年和 2012 年所占比例分别达到 4.21% 和 4.69%。从主要作者来看，1990 年，中国的主要作者占全球参与总量的 1.75%，1995 年占 2.49%，2001 年占 4.43%，2007 年占 5.08%，2014 年更是达到 6.65%。从贡献作者来看，1990 年，中国贡献作者占全球总量的 3.21%，1995 年占全球总量的 1.90%，2001 年占总量的 1.44%，2007 年占全球总量的 2.34%，2014 年占全球总量的 1.17%。一般说来，作者召集人和主要作者对章节内容的贡献和影响程度要超过贡献作者，所以，中国作者召集人和主要作者所占比率的上升在一定程度上反映出中国对 IPCC 评估报告影响程度的提升。

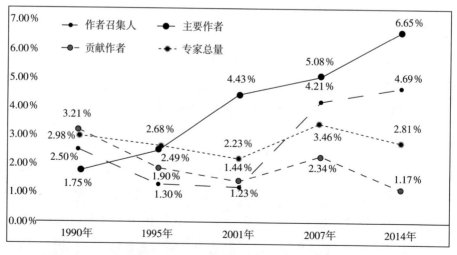

图 3-2　中国专家参与 IPCC 历次评估报告的人员占比情况（单位：%）

第三，与发达国家尤其是美国相比，中国对 IPCC 评估报告的参与力度处于明显劣势（如图 3-3）。一国参与 IPCC 评估报告人员的数量和结构很大程度上决定该国对 IPCC 评估报告内容影响力度的大小。以近三次第一工作组评估报告为例，2001 年，IPCC 第三次评估报告中，中国参与报告评估的作者召集人 0 人、主要作者 7 人、贡献作者 4 人、评审编辑 1 人，分别占总量的 0%、7.14%、0.68%、3.70%；同年，美国参与报告评估的作者召集人 7 人、主要作者 18 人、贡献作者 261 人、评审编辑 5 人，分别占总量的 33.33%、18.37% 44.54% 和 18.52%。2007 年，中国参与报告评估的作者召集人 1 人、主要作者 8 人、贡献作者 11 人、评审编辑 1 人，分别占总量的 4.85%、6.61%、1.98% 和 3.85%；同年，美国参与报告评估的作者召集人 7 人、主要作者 22 人、贡献作者 201 人、评审编辑 4 人，分别占总量的 31.82%、18.18%、36.22% 和 15.38%。2014 年，中国参与报告评估的作者召集人 0 人、主要作者 15 人、贡献作者 8 人、评审编辑 3 人，分别占总量的 0%、8.52%、1.11% 和 6%；同年，美国参与报告评估的作者召集人 8 人、主要作者 49 人、贡献作者 254 人、评审编辑 10 人，分别占总量的 27.59%、27.84%、35.28% 和 6%。可见，无论是作者召集人、主要作者、贡献作者还是评审编辑，美国的参与人员数量和结构要远远超过和优于中国，在一定程度上也反映出美国专家对评估报告的影响力要远远高出中国。IPCC 第一工作组的评估报告是第二、第三工作组评估报告的前提和基础，一国对第一工作组评估报告的参与情况很大程度上决定其对第二、第三工作组评估报告的参与情况。中国在 IPCC 第一工作组评估报告参与方面与美国存在的巨大差异决定了其在整个 IPCC 评估报告参与方面的相对劣势状态。

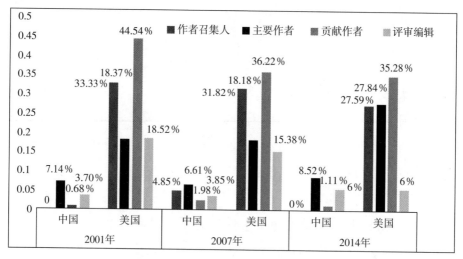

图 3-3　中美专家参与 IPCC 第一工作组评估报告的比较情况（单位：%）

第四，与其他发展中国家相比，中国在 IPCC 报告评估中的参与优势并不明显（见图 3-4）。由于研究基础、科研条件、语言等方面的原因，发展中国家在参与 IPCC 评估报告的编纂方面普遍处于劣势状态。但抛开发达国家，仅就发展中国家而言，中国在参与 IPCC 评估报告中所占优势亦不明显，以中国、印度以及巴西参与近三次评估报告为例。2001 年，中国参与 IPCC 第三次评估报告的专家中，作者召集人 1 人、主要作者 16 人、贡献作者 13 人、评审编辑 4 人，分别占总量的 1.23%、4.43%、1.30% 和 5.06%；同年，印度作者召集人 4 人、主要作者 9 人、贡献作者 16 人、评审编辑 5 人，分别占总量的 4.94%、2.49%、1.60% 和 6.33%；巴西作者召集人 2 人、主要作者 8 人、贡献作者 5 人、评审编辑 3 人，分别占总量的 2.50%、2.22%、0.50% 和 3.80%。2007 年中国在参与 IPCC 第四次评估报告的编纂中，作者召集人 4 人、主要作者 23 人、贡献作者 21 人、评审编辑 2 人，分别占总量的 4.21%、5.82%、2.34%、1.98%；同年，印度作者召集人 4 人、主要作者 13 人、贡献作者 9 人、评审编辑 2 人，分别占总量的 4.21%、

3.29%、1.00%、1.98%；巴西作者召集人 3 人、主要作者 4 人、贡献作者 5 人、评审编辑 3 人，分别占总量的 3.16%、1.01%、0.56% 和 2.97%。2014 年，中国在 IPCC 第五次评估报告的编纂工作中，作者召集人 6 人、主要作者 37 人、贡献作者 17 人、评审编辑 5 人，分别占总量的 4.69%、6.65%、1.17% 和 5.00%；同年印度作者召集人 8 人、主要作者 24 人、贡献作者 24 人、评审编辑 4 人，分别占总量的 6.25%、4.32%、1.65% 和 4%；巴西作者召集人 4 人、主要作者 10 人、贡献作者 19 人、评审编辑 7 人，分别占总量的 3.13%、1.80%、1.31% 和 7.00%。

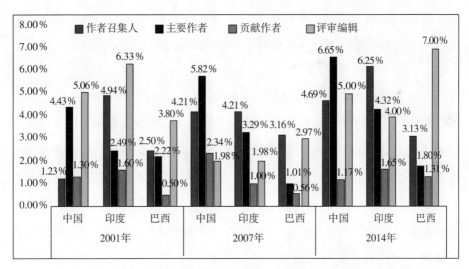

图 3-4　中国、印度、巴西专家参与 IPCC 评估报告的比较情况（单位：%）

纵向来看，中国参与 IPCC 评估报告的人数从绝对数量值来看是上升的，参与结构也不断在优化，一定程度上表明中国参与 IPCC 评估报告能力的增强。但从横向来看，无论是专家数量还是参与结构，中国与发达国家尤其是与美国相比存在相当大的差距，而且即使与印度、巴西类似的发展中国家相比，中国的优势亦不明显。当然，在中国参与人员数量保持相对稳定的情况下，中国对 IPCC 评估报告的影响力仍有所提升，这跟中国政府对气候问题的日益关注以及中国在该问题上参与意识和积极性提高有很大关系。

三、中国对 IPCC 报告内容的话语权建构

在科学研究与法律安排之间，碳政治的作用就是按照既定的政治目的和意图对科学研究的结论加以选择、组合和评估，由此产生一整套发挥政治功能的科学话语，或者以科学面目出现的政治报告。与其说 IPCC 的报告影响着国际公约中的法律安排，倒不如说为了实现国际公约的预定安排，IPCC必须发布与此相适应的科学评估报告。① 不言而喻，一国对 IPCC 报告内容的影响和建构与其在国际气候谈判中的权利和义务分配密切相关。

（一）促使 IPCC 报告遵循原则多样化

1988 年 IPCC 的成立主要是在西方国家、国际组织及相关专家学者的倡议和推动下完成的，成本收益原则成为 IPCC 评估报告编纂过程中遵循的首要原则，公平原则在前两次评估报告中并未得到应有的重视。在此后的报告编纂过程中，中国和其他发展中国家加大对报告编纂的影响力度，促使报告内容要体现公平公正原则。公平和公正原则的引入使 IPCC 评估报告的内容更具合理性和实际性，因为它不仅考虑到应对气候变化问题对全球福利的总体影响，还考虑到具体减缓政策对不同国家及国家内部影响的非均衡性。在 IPCC 评估报告编写过程中，对公平和公正原则的运用主要通过报告内容向可持续发展和适应等议题的倾斜度体现出来。在对 IPCC 第四次评估报告框架草案的建议稿中，中国政府强调，当前大纲较为低调地处理可持续

---

① 强世功：《"碳政治"——新型国际政治与中国的战略抉择》，2009 年 9 月 11 日，见 http://media.ifeng.com/partner/detail_2009_09/11/385970_2.shtml。

发展，过分强调稳定浓度和减排选择，建议增加"可持续发展与减缓能力分析"，并将"减缓能力差异分析""可持续发展公平、就业"等问题单列，并考虑可持续发展在不同地区内的内涵差异。[①]同时，中国政府还建议，在评估气候变化的影响时，要关注对气候变化对不同区域影响的不同认知，建议在"区域影响评估"编写中应考虑第三次评估报告中有关区域影响的结论。[②]IPCC 报告内容由偏重减排向可持续发展和适应的转移，体现了报告编纂遵循原则由偏重效率向同时倚重公平的转移，是国际社会对气候问题认识和研究深入的重要体现，更是中国和其他广大发展中国家在 IPCC 报告编写过程中努力较量和斗争的成果。

（二）推动 IPCC 报告编纂和评估范围不断拓展

IPCC 前两次报告旨在通过对减少温室气体排放的技术和政策工具进行综合描述、分类和比较，为政策制定者实现公约目标做准备，政策分析的焦点主要集中在温室气体减排上，减排模拟主要以二氧化碳来进行，主导性的政策解决工具则是碳税。在中国和其他发展中国家的努力下，适应问题逐步成为 IPCC 第二工作组的重要议题，报告内容不仅考虑到多种温室气体的源和汇问题，而且考虑更多的政策选择工具，评估报告的结构和内容也更加符合发展中国家利益需求和政策需要。在对 IPCC 第四次评估报告结构和重点领域的建议中，对于第一工作组的编纂工作，中国政府建议要重视极端天气气候事件的变化并对最新的科学进展进行评估，将气候系统的反馈和过程以及最近区域变化进一步研究的成果分别编写成章等；对于第二工作组的工作，中国政府建议要重视气候变化的综合影响，加大对气候变化脆弱性评估

---

① 《中国政府关于 IPCC 第四次评估报告框架草案的主要意见》，《气候变化通讯》2003年第 4 期。

② 综述最新研究进展；分析该区域的关键问题和关键脆弱性以及气候变化对社会经济的可能影响；分析不同区域适应气候变化能力的差异、适应性技术的成本及其可能产生的效益；评估技术开发和技术转让对不同区域适应气候变化的作用。

的力度，关注不同区域脆弱性的差异，加强有关气候变化适应对策的评估和研究等；对第三工作组的工作，中国政府认为应加深对可持续发展与气候变化关系的认识，充分考虑经济发展对发展中国家应对气候变化的重要性，考虑发展中国家减缓能力的有限性等。[①]2014 年 IPCC 第五次评估报告公布，中国对评估报告内容和范围的影响力大为提升，中国在地表大气观测、古气候模拟、云和气溶胶和模式评估等方面的研究成果在评估报告中都有不同程度的体现，中国的 5 个气候系统模式参与了其中的评估与模拟，其研究成果在评估报告中引用较多。

（三）促进 IPCC 评估报告内容的客观性和合理性

总体来说，中国对于气候评估报告中所涉及的气候变化事实、影响、归因和应对，都本着平衡、科学和客观的原则，从不预设结论，而是通过不断证伪的方式来促进科学的进步。[②] 当前，国际社会普遍的共识是要"将大气中温室气体的浓度稳定在防止气候系统受到危险的人为干扰的水平上"这一公约目标，必须到本世纪末将全球温室气体增温控制在不超过工业革命前 2℃以内。根据 IPCC 方案，要实现这一升温阈值，意味着到 2050 年将大气中温室气体浓度控制在 450ppm 以内，其中附件 I 国家 2020 年在 1990 年的基础上减排 25%—40%，到 2050 年则要减排 80%—95%。对非附件 I 国家到 2020 年要在"照常情景"（BAU）水平上大幅减排（可理解为大幅度放慢 CO_2 排放的增长速率，但排放总量还可增加），到 2050 年，所有非附件 I 国家都要在 BAU 水平上大幅减排。[③] 从表面上看，这一减排方案似乎

①　《中国政府对 IPCC 第四次评估报告结构和重点领域的建议》，《气候变化通讯》2004 年第 5 期。

②　《向世界传递中国声音——IPCC 第五次评估报告中国贡献》，2014 年 5 月 20 日，见 http://www.cma.gov.cn/2011xzt/2014zt/20141103/2014050701/201411/t20141103_265968.html。

③　丁仲礼等：《国际温室气体减排方案评估及中国长期排放权讨论》，《中国科学（D 辑：地球科学）》2009 年第 12 期。

比较合理，发达国家首先承担硬性减排，发展中国家暂时不用承担硬性减排责任，发达国家充分照顾到发展中国家的历史责任和现实需求，但经过仔细研究会发现，IPCC 的这一减排方案存在较大的不公平性，大大剥夺了发展中国家的发展权益和未来排放空间。在 450ppm 目标前提下，温室气体浓度从 2005 年的 380ppm 提高到 2050 年的 450ppm，通过化石燃料和水泥生产可排放的二氧化碳总量为 255.11×10^9 吨二氧化碳当量。以 1990 年为基准年，40 个附件 I 国家达到中期和长期减排目标后，2006—2050 年间，他们的排放量将为（80.04—101.27）$\times 10^9$ 吨二氧化碳当量，占总排放量的 31.37%—39.70%。如果按 2005 年不变人口计算，附件 I 国家今后人均排放权是 63.31—80.10 吨二氧化碳当量，为非附件 I 国家人均排放权的 1.9—2.7 倍。如果按今后各国预测人口逐年计算，附件 I 国家的人均累计排放权为 61.23—77.28 吨二氧化碳当量，是非附件 I 国家的 2.3—3.3 倍。[①] 如果国际气候谈判接受 IPCC 这一减排方案，发展中国家将背负沉重的减排负担。以中国为例，如果接受发达国家 25% 的中期减排目标，中国到 2019 年即用完排放权；如果将目标提高到 40%，也只能将排放权延续到 2021 年而已。[②] 所以，对 IPCC 评估报告诸多看似"公正"的科学解决方案，中国一定要有基于自身科学研究基础上的认知和判断，实现对 IPCC 科学评估报告内容的证实和证伪。

未来相当长的一段时间内，IPCC 仍将是国际社会参与气候变化评估的最为重要的平台。中国在 IPCC 评估报告中的"烙印"不仅体现了中国的气候变化研究水平，而且还是中国（专家）在气候关键问题上话语权和影响力的重要体现。IPCC 评估报告对全球气候谈判及政策走向的引导性决定了中

---

①　丁仲礼等：《国际温室气体减排方案评估及中国长期排放权讨论》，《中国科学（D 辑：地球科学）》2009 年第 12 期。

②　丁仲礼：《院士谈全球未来碳排放权分配：坚持公平正义》，2010 年 2 月 9 日，见 http://news.sohu.com/20100209/n270165228.shtml。

国必须积极参与气候评估，掌握全球气候动向，并努力将其研究成果和观点在报告中得以体现。随着当今国际社会一系列全球公共问题的出现，类似气候变化这类原本属于低级政治领域的非传统安全问题会越来越凸显高级政治化趋势，其背后所依赖的"科学支撑"也必然会成为国际谈判的基础和起点。为此，中国应充分借鉴和吸收气候问题科学研究和国际谈判之间的关系，努力跳出公共问题本身所涵盖的领域限制，从系统和宏观的视阈来思考公共问题治理的合理性、现实性及可能性，重视科学与政治相得益彰的关系。

第二节　中国与国际气候治理道义话语权

国际气候治理道义话语权就是利用国际道义的感召力在气候问题定位及解决机制问题上争取主导权。鉴于气候问题的超环境特性，全球气候问题的治理不仅关系到气候问题这一"全球公共物品"的未来解决之道，而且关系到各国在未来气候治理中的权利和义务分配，同时影响到各国未来的经济发展空间。中国作为最大的发展中国家，在不同的场合多次强调气候问题的解决不能剥夺发展中国家追求经济发展的权利，并且要明确当前大气中二氧化碳浓度的提升主要是由于发达国家在工业化过程中排放导致，不能因应对气候问题而影响到发展中国家的未来发展空间，在国际上具有较大的道德感召力。正如德比和奥图泰尔所言："有时多重叙事能同时以多种方式呈现一个特定的空间或状态……不断重复一些议题足以促进有效身份或认同的构成，也就是说，重复是形成特定常识理解的重要方面。"①

---

① Simon Dalby and Geróld Tuathail, "The Critical Geopolitics Constellation: Problematising Fusions of Geographical Knowledge and Power", *Political Geography*, Vol.15, No6-7, (1996), p. 452, 1996.

一、气候治理目标之争——环境优先还是发展优先

在应对气候变化问题上，《公约》的目标界定——坚持环境优先还是发展优先——成为发达国家与发展中国家之间相互较量和博弈的重要内容。[①]发达国家企图撇清发展问题与环境问题之间的界限，只想制定一个专门控制温室气体排放的单一环境协议，并提出要将全球环境问题和地区环境问题区别对待。发达国家认为全球环境问题仅是指气候变化和臭氧层减少这样起源于工业化而对世界上所有国家产生负面影响的问题，其治理需要世界上所有国家的共同努力；像土地退化、水污染以及其他类似的问题属于地区环境问题，是由于发展中国家自身的贫困及经济不发达所致，应由本地区的国家独自去解决。发达国家将两类环境问题截然分开的目的就是企图将发展中国家纳入应对气候变化的义务减排行列，而同时排除自己帮助发展中国家解决应对地区环境问题的义务。中国和其他发展中国家则强调发展问题和平等问题，认为贫穷问题和环境问题紧密相关，发达国家人为地将全球环境性问题与地区环境问题截然分开是非常虚伪且毫无意义的，反对将环境问题优先于发展问题，坚持环境问题必须在经济发展过程中予以解决。[②]中国多次提出应对气候变化的措施不以损害其主权尤其是经济发展的权利为前提和条件。[③]

在中国和其他发展中国家的共同努力下，发达国家被迫妥协，同意《公约》目标具有双重性，既包括稳定大气浓度的环境目标，又包含促进各国经

[①] Mintzer I M. *Confronting climate change: Risks, Implications and Responses*, Cambridge: Cambridge University Press, 1992 , pp.323-325.

[②] Kilaparti, R, "Interest Articulation and Lawmaking in Global Warming Negotiations: Perspectives from Developing Countries", *Transnational Law and Contemporary Problems*, Vol.2, (1992) , pp.153-157.

[③] Daniel Bodansky, "The History of the Global Climate Change Regime", 2001, http://graduateinstitute.ch/files/live/sites/iheid/files/shared/iheid/800/luterbacher/luterbacher% 20chapter% 202% 20102.pdf.

济的发展目标。后来实践证明，中国和发展中国家在气候谈判初期就主张将气候问题与发展问题联系起来考虑的策略意义重大，因为在当前资源禀赋和技术条件下，国际社会应对气候变化的举措直接影响到各国经济未来发展空间及国际战略走势。而且，此后的实践也证明，中国也一直在努力通过自身的发展来实现可持续发展与应对气候变化问题的统一。尤其在《巴黎协定》谈判及签署过程中，中国努力将"发展导向"引入《巴黎协定》，并作为未来气候变化全球治理的基石之一，实际上是将丰富的国内发展经验转化为国际公共产品。中国参与气候变化全球治理的制度竞争，其竞争力体现在是否能够提供一套兼顾发展与环境的方案。而这一全球公共产品的供给，又必须回到中国国内正在进行的发展方式转型中，它的成败直接关系到中国在未来气候变化全球治理制度竞争中的地位。①

二、碳排放标准之争——单位 GDP 排放还是人均排放

在国际气候谈判初期，在如何表述各国二氧化碳的排放状况时，发达国家和发展中国家的争论也相当激烈。美国等发达国家代表坚持以单位 GDP 的二氧化碳排放为衡量标准，认为单位 GDP 的排放强度代表了效率和进步，认为发展中国家坚持的人均排放标准代表落后和倒退。以中国和印度为代表的发展中国家则坚持以二氧化碳的人均排放为标准，认为这反映了国际温室气体排放的历史和现实。经过激烈交锋，发展中国家的人均排放主张占据了一定优势，发达国家被迫同意在 IPCC 评估报告中增列人均二氧化碳排放的国家分类栏，并将其放在碳排放强度标准栏的前面。

人均二氧化碳排放标准栏的增列以及在国际气候谈判中采用人均排放的

---

① 康晓：《气候变化全球治理的制度竞争——基于欧盟、美国、中国的比较》，《国际展望》2018 年第 2 期。

碳排放表述方式为以后的国际气候谈判奠定了坚实的基础，从《公约》到《京都议定书》再到《巴黎协定》，可以看出，人均排放原则成为发展中国家与发达国家国际气候谈判较量中的有利武器。在目前的技术水平条件下，应对全球变暖最直观的和立竿见影的方式就是减少全球温室气体的排放量。由于人口数量、能源结构以及发展阶段等方面的原因，未来温室气体的排放增长量将主要来自发展中国家。所以，在应对气候问题的国际谈判中，发展中国家尤其是中国面临减排的压力将会与日俱增。依据人均原则，与发达国家在人均温室气体排放上面的差距成为相当长一段时间内发展中国家尤其是像中国这样的发展中大国减缓温室气体绝对量化减排的缓冲剂。

三、气候治理原则之争——共同的责任还是共同但有区别的责任

一般认为，共同但有区别的责任原则发端于 1972 年 6 月发布的《联合国斯德哥尔摩人类环境会议宣言》，最初主要是针对环境问题。[①] 宣言提出保护环境是全人类的"共同责任"，同时指出，发展中国家的环境问题"在很大程度上是发展不足造成的"，因此发达国家应该为环境保护作主要贡献，同意在国际环境法体制内给予发展中国家特别的、有差别的待遇等。[②] 自气候问题进入国际政治议事日程，责任归属及义务分担就成为各国争论的焦点与核心。西方发达国家认为其先前的工业化行为跟现在的气候问题并无直接的联系，坚持认为发达国家只不过是在时间上较早运用了大气权利，以前的累积排放不但没有责任，而且现在的排放权也应该根据传统和习惯基于原来排放权发放，批评发展中国家抛开现存的国际规则和市场机制借应对气候变化的机会向发达国家索取资金和技术，认为应对气候变化是世界上所有国家的共同责任和义务。

---

① 姚天冲、于天英：《"共同但有区别的责任"原则刍议》，《社会科学辑刊》2011 年第 1 期。
② 《联合国斯德哥尔摩人类环境会议宣言》，1972 年 6 月 16 日，见 http://www.china.com.cn/chinese/huanjing/320178.htm。

发展中国家认为，气候问题主要是由发达国家在工业化过程中大量排放温室气体造成的，发达国家的历史累积排放和高人均排放已过多挤占发展中国家未来的发展空间，发达国家理应为其历史责任买单，承担主要的减排责任，并且发达国家的经济水平和科技能力使其也有能力率先应对气候变化；而发展中国家则由于较低的历史排放水平和人均排放量，其当前第一要务应是消除贫困和发展经济，既无道德责任亦无现实能力去承担减排责任。基于此，中国于 1991 年 1 月在政府间气候变化谈判开始前出台了《关于气候变化的国际公约条款草案》。在"第二条"原则部分提出："气候变化为人类共同关切的问题，各国在应付气候变化问题上具有共同但又有区别的责任。"① 与此同时，1991 年 6 月，中国邀请 41 个发展中国家的环境部长在北京召开部长级会议，并通过了反映发展中国家原则立场的《北京宣言》，即框架公约应确认发达国家对过去和现在温室气体的排放负主要责任，必须立即采取行动；近期内不能要求发展中国家承担任何义务，但是应该通过技术和资金合作鼓励它们采取既有助于经济发展又有助于解决气候变化问题的措施；框架公约必须包含发达国家向发展中国家转让技术的明确承诺并建立单独资金机制；发展中国家在解决气候变化带来的不利影响时必须获得充分必要的科技和资金合作。②

1991 年 6 月，在 INC 第二次会议上，中国的提案试图重申有关气候变化问题的若干基本原则，被临时列入讨论范围。但是发达国家对中国只谈"区别责任"提出异议。在此次会议上，"区别责任"原则被改为"共同但有区别的责任"原则。1992 年 4 月至 5 月在 INC 最后一次会议上，发达国家最终同意在《公约》中单列基本原则条款，但要求明确其中的原则只对《公约》缔约方起指导作用，因而不能等同于一般法律原则。③

---

① 《关于气候变化的国际公约条款草案》，载国务院环境保护委员会秘书处编：《国务院环境保护委员会文件汇编（二）》，中国环境科学出版社 1995 年版，第 265 页。

② 《发展中国家环境与发展部长级会议〈北京宣言〉》，1991 年 6 月 19 日通过。

③ Daniel Bodansky, "Draft Covention on Cliamte Change", *Environmental Policy and Law*, Vol.22,（1992），pp.5-15.

可以说，"共同但有区别的责任"原则在《公约》中的确立，是由发展中国家积极推动，最终由发达国家和发展中国家妥协的结果，特别体现了中国等发展中国家的关切。[①]经过激烈较量，最后在公约文本中达成如下表述：各缔约方应当在公平的基础上，并根据它们共同但有区别的责任和各自的能力，为人类当代和后代的利益保护气候系统。发达国家缔约方应当率先对付气候变化及其不利影响。共同但有区别的责任原则是中国在国际气候制度建构中取得的最大胜利，为此后国际气候谈判奠定了原则基础和谈判基调，直到今天仍然是发展中国家的"护身符"。

第三节　中国与国际气候治理制度话语权

制度性话语是用制度形式固化的话语权，它通过制度化的形式对国际事务产生长期影响，并且国际社会对这种话语权的接受度较高。一旦话语权被制度化、机制化，就不会轻易改变，具有相对稳定性和可持续性。制度性话语权是高度国际化的必然产物，是全球公共问题治理的迫切需要，是大国走向世界的理性选择与合理诉求。在气候治理问题中，制度性话语权可以理解为国家及非政府组织在解决国际气候争端问题上设定议题和形成决策、创设和改良规则、解释和适用规则、解决争端和处理危机的话语理解和运用能力、话语构建能力以及话语说服能力，集中体现为一国对气候治理规则与国际气候组织的影响力，是多边气候外交的重要组成部分。[②]

对中国来说，国际气候制度是国际社会治理体系中为数不多的以缔约者身份参与建构的国际制度，是与其他国家合作创建而非后续调整加入的国际

---

① 薄燕、高翔：《中国与全球气候治理机制的变迁》，上海人民出版社 2017 年版，第 124 页。

② 左海聪：《协力提高制度性话语权》，《人民日报》2016 年 2 月 19 日。

制度，国际气候制度的谈判载体、制度形式、原则条款以及议题设置等均带有深刻的"中国烙印"。从功能理论来看，规范是制度最为本质的功能，但正是由于这一功能的存在，国际制度才具备了另一种功能——工具功能。工具功能使国际制度成为"活"的东西，成为各主权国家之间可以通过谈判和博弈予以形塑的东西。正如诺思所言"规则来源于自利"。"与国际制度如何影响国家行为的路径相反，国际制度设计的研究翻转已有逻辑，转而分析国家的理性行为如何影响国际制度的形态，研究国家怎么样通过设计制度安排促进合作，进而实现自身利益。"[1] 他们关注的重点并非制度对个体的约束而是着重讨论制度的起源，强调"理性主义的选择过程"[2]。在国际制度建构过程中，各主权国家大多倾向于将制度看成规则性的而不是规范性的或认知性的。制度的规则性特点决定其作为约束个体行为的游戏规则，不可避免地成为制度建构国之间个体意志和价值导向博弈的焦点。在国际制度建构过程中，制度的理性设计无疑是国际社会制度治理的重要方面，但国际社会的制度化不能仅从理性的视角来思考，还得研究其先验性问题，也就是说，制度化的同时还有一个规范化的问题。从法哲学的角度来说，程序正义——规则选择的正义——是确保实体正义的充分条件。如何能在国际气候谈判中寻求一个兼顾多方话语权和利益诉求的公平规则，以确保参与各国所确立的"规则下的选择"有利于人类整体福利的增进，则是这场国际气候谈判首先明确的重要议题。[3] 作为国际制度建构的主体，主权国家的制度理念决定着其利益平衡和权力让渡的界限，决定着其后续的权利和义务分配。在国际制度建构过程中，各主权国家往往会根据自身利益界定及其在国际体系中的结构地

---

① 陈拯：《新自由制度主义的前沿与困惑——评〈世界政治中的权力、相互依赖和非国家行为体〉》，《国际政治科学》2010 年第 3 期。

② Koremenos B, et al., *The Rational Design of International Institutions* (*International Organization*), cambridge: Cambridge University Press, 2003, pp.761-799.

③ 纪玉山等：《发展中国家在国际气候谈判中的地位与策略研究——基于新制度经济学与公共选择理论的视角》，《工业技术经济》2012 年第 8 期。

位甄选其对制度理念（理性主义和规范主义）的倚重。

一、气候治理的谈判载体

在国际社会开启《公约》谈判之前，各参与方就对国际气候制度谈判载体产生了激烈的争论，对于谁应该主导或组织气候谈判成为发达国家与发展中国家争论的首要问题。美国主张应该由联合国环境规划署和世界气象组织来主导实施，通过建立专业技术委员会和制定单一技术协定的方式进行。①对此，中国持否定意见。中国认为，应对气候变化是一个政治性议题，而非单纯的技术性议题，应该由联合国大会这一政治性机构来监督实施，拒绝由联合国环境规划署和世界气象组织主导技术协议的思路。② 发展中国家偏重联合国渠道主要是想在更加透明的方式下应对气候变化，并且联合国框架可以为其提供最大限度的参与机会，联合国"一国一票"原则以及代表的普遍性是确保气候协议符合发展中国家利益的关键性条件。最后，以中国为代表的广大发展中国家的主张占据了优势，1990 年 12 月，联大通过 45/212 决议，决定在联合国框架下成立 INC，正式开启《公约》文本的谈判工作。

二、气候治理的制度建构形式

在 INC 正式成立之前，有关《公约》的法律性质问题就成为各参与方辩论的焦点。有关国际气候制度的法律形式问题，即究竟是签署一份具有绑定义务性质的议定书，还是一份不具有绑定义务性质的框架公约在发达国家、

---

① 　Daniel Bodansky, "The United Nations framework convention on climate change: A commentary", *Yale Journal of International law*, Vol.18, (1993), pp.451-558.

② 　Daniel Bodansky, "The United Nations framework convention on climate change: A commentary", *Yale Journal of International law*, Vol.18, (1993), pp.451-558.

发展中国家以及两类国家内部展开了激烈争论。[①] 在发达国家内部，美国主张制定一份不具有绑定减排义务性质的一般性协议，认为国际社会在设置绑定减排义务之前有必要对气候问题的科学性及其应对气候变化问题的经济社会影响有更为透彻的理解和把握；[②] 相比美国，欧盟（欧共体）国家的主张相对激进和雄伟，要求制定一份具有绑定减排目标和义务的协议或议定书。[③]

　　由于现实国情及利益诉求方面的差异，发展中国家在该问题上的分歧也较为严重。小岛屿国家主张在《公约》中设定严格的减排目标和减排义务；石油输出国（OPEC）担心全球碳减排对其石油经济命脉产生比较大的负面影响，坚决反对在《公约》中设立绑定性减排目标和义务；中国考虑到气候问题在科学上的"不确定性"，倾向于采取"公约＋议定书"的模式，主张"先制定关于气候变化的原则公约，作为保护全球气候国际措施的法律基础，然后再考虑在原则公约的范围内，在公约所确立的各项原则的基础上谈判签订与保护全球气候有关的议定书或附件"[④]，力避公约与议定书同时谈判，争取先公约再议定书。实质上，中国在派代表参与 INC 第一次会议之前就倾向于采取"公约＋议定书"模式。对中国来说，在对气候问题未能完全认知和了解的情况下，采取相对保守和谨慎的方式未尝不是一种战略选择。最后，在中国等发展中国家的努力之下，国际社会决定采用"先公约后议定书"的制度建构方式，这为中国等发展中国家在此后的国际气候谈判中提供了宝贵的时空缓冲和战略思考余地，这是中国对气候问题未能完全知晓的情况下

　　① 　Winfried Lang, "Is the Ozone Deletion Regime A Model for an Emergying Regime on Global Warming?", *UCLA Journal of Environmental Law and Policy*, Vol.9, (1991), pp.161-174.

　　② 　Daniel Bodansky, "The United Nations Framework Convention on Climate Change: A Commentary", *Yale Journal of International law*, Vol.18, (1993), p.495.

　　③ 　Daniel Bodansky, "The History of the Global Climate Change Regime", 2001, p.33, http://graduateinstitute.ch/files/live/sites/iheid/files/sites/admininst/shared/doc-professors/luterbacher ％20chapter％ 202％ 20102.pdf.

　　④ 　国务院环境保护委员会秘书处编：《国务院环境保护委员会文件汇编（二）》，中国环境科学出版社 1995 年版，第 259 页。

采取的一种相对谨慎保守的战略选择。①1994 年 3 月 21 日，《公约》正式生效。此后，有关《公约》议定书的谈判正式驶入轨道。由于议定书涉及具体的温室气体减排责任和义务承担问题，中国在对议定书的谈判上持谨慎保守的态度。1995 年柏林会议上，中国和印度等国家提出了一份立场文件，表明同意开始"议定书或其他法律文书"的谈判进程，以明确发达国家 2000年以后进一步减少温室气体排放的义务，但强调不能给发展中国家增加任何新的义务。②1995 年《柏林授权》中明确规定不给发展中国家引入新的减排义务以后，中国才正式同意开启对《公约》议定书的谈判。1997 年，在京都 COP3 上通过了《京都议定书》文本，开启《京都议定书》的后续生效准备工作，2005 年 2 月 16 日正式生效。后京都谈判开启以后，中国和其他发展中国家要求后京都气候谈判要继续承袭"公约＋议定书"模式。为了将游离于京都机制之外的美国等国纳入应对气候变化的轨道，2007 年巴厘岛会议上，中国要求将《公约》下的长期合作行动对话机制转换为正式的工作小组，讨论美国和科威特等未签署《京都议定书》的国家的义务问题，同时讨论发达国家对发展中国家的可持续发展政策与措施的承诺。这是发展中国家第一次为美国的问题设置正式解决方案，也是中国第一次提出发展中的实质性承诺。③虽然在哥本哈根气候会议和坎昆气候会议上，很多发达国家企图抛弃京都模式，"另起炉灶"，但在中国和其他国家的努力下，基本保住了"双轨制"谈判机制和京都模式。后京都谈判开启以后，中国努力维持《公约》框架在应对气候变化问题上的主体地位。发达国家曾想让新的协定跳出

---

① Michael Richard, "A Review of the Effectiveness of Developing Country Participation in the Climate Change Convention Negotiations", Overseas Development Institute, December 2001, p.12, http://www.odi.org/sites/odi.org.uk/files/odi-assets/publications-opinion-files/4740.pdf.

② 国家环境保护局、国际合作委员会秘书处编：《中国环境与发展国际合作委员会文件汇编（四）》，中国环境科学出版社 1997 年版，第 266 页。

③ 《联合国气候变化框架公约谈判进入关键时刻》，2007 年 12 月 10 日，见 http://finance.sina.com.cn/j/20071210/18014272123.shtml?from=wap。

《公约》的框架，但中国和其他发展中国家坚持新的协定要符合《公约》的原则和精神，尤其是共同但有区别的责任和各自能力原则，努力保持气候治理过程中《公约》框架的主导地位。当然，随着国际气候治理德班加强平台的开启尤其是 2015 年《巴黎协定》的签署，国际气候治理实现"双轨"并轨，国际气候治理进入了以"自下而上"为核心特征的气候治理的新阶段，但这是对国际气候治理新形势以及对国际气候政治格局的现实反映，并不能由此否认中国在此前对国际气候制度建构形式坚持和维系的贡献。

三、气候治理的指导原则及法律地位

一般认为，共同但有区别的责任原则发端于 1972 年 6 月发布的《联合国斯德哥尔摩人类环境会议宣言》，最初主要是针对环境问题。[①] 共同但有区别的责任原则实际上由国际法的重要概念和原则——"人类的共同遗产"（common heritage of mankind）发展演化而来，在坚持保护"人类共同遗产"方面普遍公平原则的同时，进一步关注发达国家和发展中国家在共同应对全球环境、发展和气候变化问题上应承担的不同历史责任，并强调两者在经济和技术能力方面的差异。[②] 后来这一原则成为发展中国家参与国际气候治理的基础要求。在 INC 正式开启谈判之前，中国就明确要求要以共同但有区别的责任原则为《公约》的指导原则并在其文本中明确予以标识。[③] 绝大多数发展中国家也都主张将遵循原则以单独条款的形式列入《公约》文本，并将其作为《公约》后续实施和发展的指导方针。对于将《公约》指导原则以

---

① 姚天冲、于天英：《"共同但有区别的责任"原则刍议》，《社会科学辑刊》2011 年第 1 期。

② 叶江：《"共同但有区别的责任"原则及对 2015 年后议程的影响》，《国际问题研究》2015 年第 5 期。

③ Delphine Borione, and Jean Ripert, "Exercising Common But Differentiated Responsibility", *In Negotiating climate change*, Irving Mintzer and J.Amber Leonard（eds.），England: Cambridge University Press, 1994, p.85.

单独条款形式列入公约文本，发达国家尤其是美国对此表现出了较大疑义。美国认为，如果原则条款仅是用于阐明缔约方的目的或者对公约义务提供解释框架，那么这些原则条款就等同于公约的序言；如果这些原则条款要规定实质性的义务内容，那么完全可以把它放入承诺条款中。① 阿根廷是少数几个反对原则条款的发展中国家之一，认为原则条款适合出现在政治性声明中，而不太适合用于具有法律拘束力的条约中。② 最后，在中国和其他发展中国家的共同努力下，《公约》第 3 条中明确列出了 5 条指导原则，其中最为关键和重要的一条就是共同但有区别的责任及各自能力原则。《公约》第 3 条第 1 款明确指出："各缔约方应当在公平的基础上，并根据它们共同但有区别的责任和各自的能力，为人类当代和后代的利益保护气候系统。因此，发达国家缔约方应当率先对付气候变化及其不利影响。"③ 最终，原则条款单独作为《公约》的第 3 条出现，区别于《公约》的序言，也与《公约》第 4 条的承诺区分开来。这些原则条款比序言要精确，它包含了法律内容，但比具体的承诺要宽泛，并不包含任何具体的法律行动。单独列出《公约》的原则条款，说明这些条款具有指导性作用，只要涉及相关问题，政府都要考虑到这些原则的指导作用。④

①　Daniel Bodansky, "The United Nations Framework Convention on Climate Change: A Commentary", *Yale Journal of Inernational law*, Vol. 18,（1993）, p.501.

②　UN document, A/AC.237/Misc.1/Add.4/Rev.1。其中包含了中国对于公约的序言和公约 1—8 条的建议。

③　"共同但有区别的责任和各自的能力"，这一术语在《公约》中还出现在序言和第四条承诺条款两处，一是序言中"承认气候变化的全球性要求所有国家根据其共同但有区别的责任和各自的能力及其社会和经济条件尽可能开展最广泛的合作并参与有效和适当的国际应对行动"；二是《公约》第 4 条承诺第一款指出："所有地方考虑到他们共同但有区别的责任以及各自具体的国家和区域发展优先顺序目标和情况……"由于出现多次，所以有的研究学者认为《公约》的指导原则是在《公约》第 4 条列出的，但实质上《公约》指导原则及法律地位的确立是在《公约》的第 3 条，既不同于序言，也不同于承诺条款。

④　朱建娜：《国际气候保护机制的南北问题探析》，硕士学位论文，中国政法大学，2008 年，第 9 页。

原则条款的单独载入是中国和其他发展中国家在国际气候谈判中与发达国家较量的产物，成为后续国际气候谈判中发展中国家维护自身国家利益的重要工具。但在美国的强烈要求下，原则条款被添加了三个修订性条件：第一，原则条款仅对《公约》各缔约方在为实现本公约的目标和履行其各项规定而采取行动时才产生规范作用；第二，用缔约方（Party）术语替换主权国家（State）术语；第三，缔约方在履行公约时，除了受第 3 条所列各项原则的指导外，还可考虑其他原则的指导。这三个修订性条件意欲将《公约》下的原则性条款与习惯国际法基本原则区别开来。[1] 依照国际法的基本理论，国际法基本原则是指国家或者国际法学者从具有基本性质的国际法原则中抽象、概括和总结出来的重要原则。[2]《公约》原则条款的这些修订性条件，否定了其作为国际法基本原则的性质。这是发达国家针对发展中国家"将原则条款作为国际习惯法的组成部分，对所有国家都具有拘束力"的说法进行的预防和限制，表明仅适用于《公约》缔约方及其履约行为，不同于一般国际法。[3] 可见，从气候治理伊始，发达国家和发展中国家对《公约》中共同但有区别的责任原则的解读就一直存在争议，这成为后续国际气候治理进程双方矛盾和博弈的焦点。而且，在后续的谈判中，国际社会对共同但有区别的责任原则也有着动态的解读，尤其是《巴黎协定》签署及生效后，国际气候治理中"共同的责任"有所提升，而"区别的责任"有所淡化，但像中国这样的发展中大国承担不完全等同于发达国家的责任和义务与该原则有着密不可分的联系。从这一点上说，《巴黎协定》是继承甚至在一定程度上强化而非替代《公约》。[4]

---

① Daniel Bodansky, "The United Nations Framework Convention on Climate Change: A Commentary", *Yale Journal of International Law*, Vol.18,（1993）. p.502.

② 周忠海：《国际法》，中国政法大学出版社 2004 年版，第 139 页。

③ Daniel Bodansky, "The United Nations Framework Convention on Climate Change: A Commentary", *Yale Jounal of International Law*, Vol.18,（1993）. p.502.

④ 周锐：《巴黎气候大会受阻四大分歧　解振华给出中国方案》，2015 年 12 月 3 日，见 http://www.chinanews.com/gn/2015/12-03/7655047.shtml。

四、气候治理的议题设置

在国际气候治理进程中，减缓、适应、资金和技术是应对气候变化的四大议题。由于发达国家和发展中国家在经济实力、科技水平及发展阶段等方面的差异，双方在国际气候治理过程中的关注点存在很大差异。发达国家比较关注减缓问题，认为减少温室气体排放是全球应对气候变化最立竿见影的方式，而发展中国家则强调适应问题，认为在变化了的全球气候面前，如何适应已经变化了的环境，提升发展中国家应对气候变化的能力和水平是当前国际气候治理最为重要的问题。而且，发展中国家在适应过程中所需要的资金和技术，也需要气候变化的主要责任者——发达国家来提供。因此，在国际气候谈判开启之初，中国就意识到适应问题的重要性以及发展中国家在适应问题上存在的困难。中国一直要求发达国家在适应问题上要有所作为，不仅要向发展中国家提供资金和技术援助，而且要帮助所有发展中国家制定和执行适应气候变化的行动计划。在柏林特设小组的谈判中，中国和 G77 提案认为，应当为附件 I 缔约方规定各项政策和措施，这些政策和措施将促进限制和消减各种温室气体源的排放量并保护和增强碳汇，规定环境和经济影响以及在 2005 年、2010 年和 2020 年这些时间范围内可以取得的结果；应当采取的这些政策和措施不应对发展中国家缔约方尤其是《公约》第 4.8 条款所列缔约方的社会经济状况造成负面影响。由于温室气体排放与气候变化之间的"时滞性"，减缓温室气体排放并不能带来立竿见影的效果，如何在已经变化的气候环境下促进社会经济发展是全球所有国家亟待解决的共同议题。为此，发达国家应该向发展中国家提供资金和技术援助，帮助所有发展中国家制定和执行适应气候变化行动计划，并要求监测和审查发达国家承诺的向发展中国家提供的资金、技术和能力建设的进展情况。同时，为了督促发达国家履约，中国和其他发展中国家要求《公约》第 4.7 条款明确载入：发展中国家缔约方能在多大程度上有效履行其在本公约下的承诺，将取决于发达国家缔约方对其在本公约下所承担的有关资金和技术转让的承诺的有效履行，并将充分考虑到经济和社会发展及消除贫困是发展中国家缔约方的首要和压倒一切的优先事项。《公约》生效以后，中国又在历届缔约方大会上呼吁发达国家切实履行其在《公约》制度框架下的责任义务，不仅要在减缓气候变化方面率先采取行动，而且要积极兑现向发展中国家提供资金、技术援助。随着国际气候谈判步入后京都阶段，减缓、适应、资金及技术问题已成为国际气候谈判的焦点议题，被称为气候谈判列车的"四个轮子"。2007 年，在印尼巴厘岛会议上，中国代表团向大会提出几项建议，包括：保证发展中国家应对气候变化有充足和可预见的资金来源；适应气候变化是应对气候变化的重要方面，对于深受气候变化不利影响的发展中国家而言，适应的任务更为迫切；发达国家 2020 年的温室气体排放量应至少在 1990 年基础上减排 25% 至40%；任何未来有关应对气候变化问题的框架设计都应遵循《公约》所确定的共同但有区别的责任原则。[①]2008 年 10 月 9 日，在北京举行的东亚峰会气候变化适应能力建设研讨会上，中国就如何加强发展中国家适应气候变化能力，又提出了四点倡议：一是建立适应气候变化的国际机构；二是加强发展中国家适应气候变化的能力建设活动；三是加强适应气候变化的技术开发与转让；四是加强对发展中国家适应气候变化的资金支持。[②]2009 年 9 月 22 日，联合国气候变化峰会上，时任国家主席胡锦涛再次强调了中国政府在应对气候变化问题上的基本主张：履行各自责任是核心，实现互利共赢是目标，促进共同发展是基础，确保资金技术是关键。[③] 随着对气候问题认知的深入和国家战略利益的调整，部分发展中国家已根据自身现实情况，承担量化或强度减排义务，但基于共同但有区别的责任原则和能力原则，无论发展中国家采取何种的义务承担方式，其与发达国家义务履约性质具有本质性区别。发

①　《具有里程碑意义的"巴厘岛路线图"》，《人民日报》2007 年 12 月 17 日。

②　《东亚峰会气候变化适应能力建设研讨会召开》，《人民日报》2008 年 10 月 10 日。

③　胡锦涛：《携手应对气候变化挑战》，《人民日报》2009 年 9 月 23 日。

达国家履行《公约》和《京都议定书》条款下对发展中国家资金和技术的支持是促使其积极参与全球减排的重要动力。在多哈气候大会上，中国政府又在不同场合多次亮出谈判底线，即必须通过具有法律约束力的《京都议定书》第二承诺期，并于 2013 年 1 月 1 日起实施；资金、减缓、适应和技术问题都要有所安排，并首先确保资金问题得到解决；确定德班平台工作计划，并应遵循《公约》确定的公平、共同但有区别的责任和各自能力原则。在中国等发展中国家的坚持下，《巴黎协定》包含了发达国家为发展中国提供资金援助任务的要求，强烈建议发达国家扩大其资金支持水平制定的切实的路线图，达成在 2020 年前每年为适应和减缓活动提供 1000 亿美元的目标。

在气候资金方面，《巴黎协定》为落实区别责任，要求发达国家缔约方为发展中国家缔约方的减缓和适应气候变化提供资金，发达国家对发展中国家协议方减排和适应气候变化提供资金并进一步加大提供的力度，到 2025 年前各缔约方承诺共同支出用于气候治理治理资金 1000 亿美元。与此同时，还"鼓励其他缔约方自愿提供或继续提供这种支助"[①]。在巴黎气候大会上，中国宣布于 2015 年 9 月设立 200 亿元人民币的中国气候变化南南合作基金，2016 年决定在发展中国家建立 10 个低碳示范区、100 个减缓和适应气候变化的项目及 1000 个应对气候变化培训指标合作项目。在中国的鼓励推动下，已有 8 个发展中国家承诺向绿色气候基金注资。[②]

从国际气候谈判开启至今，中国一直努力提升适应、资金和技术议题在国际气候制度建构中的地位，虽然在促使发达国家履约、切实向发展中国家提供资金和技术援助方面的进展不大，但单从适应、资金和技术议题地位的不断提升以至处于与减缓同等重要的位置来看，中国功不可没。

---

① 张琪：《〈巴黎协定〉中的"共同但有区别责任原则"研究》，硕士学位论文，吉首大学 2017 年，第 39 页。

② 张琪：《〈巴黎协定〉中的"共同但有区别责任原则"研究》，硕士学位论文，吉首大学 2017 年，第 39 页。

综上所述，国际气候治理谈判载体和制度形式的选择，指导原则及法律地位的确立以及减缓、适应、资金和技术等议题的设置和调整，不仅影响到国际气候治理制度自身发展演进的基线，而且成为发展中国家在气候谈判中维护自身国家利益的有力武器。气候制度建构的过程实质上是国际制度设计两种思路"工具主义"和"规范主义"①相互较量的过程。中国在国际气候治理的过程中，尤其是 2000 年以前，基本以"规范主义"理念参与谈判，充分利用制度建设的"先占"原则，努力保证制度建构过程中的"公平、公正"，但中国只是从宏观上把握制度建构的大致方向，至于制度建构的具体内容、规则标准等实质性操作层面的东西则很少触及。在全球气候制度建构过程中，中国大多数时候表现得比较活跃，但这种活跃大多是被动状态下的"应对积极"，难以弥补其在全球气候谈判过程中相对弱势的谈判地位。

第四节　中国参与国际气候制度建构的特点

从 20 世纪 70 年代末开始，气候治理进入全球视野并引起主权国家的日益关注开始，中国就一直活跃于国际气候治理的舞台上，以其独特的国际地位和参与方式影响着国际气候制度建构的进程和方向。总体而言，中国在参与国际气候治理过程中表现出如下特点。

一、介入谈判的"先占"性

随着经济全球化和信息化的发展，全球范围内国际制度的治理趋势突飞猛

---

① 工具主义认为制度设计遵循的思路应该是经济学理论，考察的核心变量是交易成本，注重的是制度效率；规范主义遵循的思路是社会学理论，考察的核心变量是社会规范，注重的是制度公平。

进，其对国际政治事务和经济事务的规范性功能也不断增强。融入国际社会已成为当今各主权国家的必要生存之道，任何游离于国际制度体系外的国家都难以取得实质性的发展。国际制度体系的参与度已成为国际社会衡量一个国家国际化、市场化、民主化以及成功度的重要标准。从传统意义上来讲，融入国际社会就是指中国对国际游戏规则的认知、接受、参与和适应。在诸如贸易、人权等传统的国际制度领域，后来者身份让中国丧失了制度标准、原则规范、运行模式、政策工具等方面的制定权、解释权、规制权和主导权，中国要想融入相关领域的国际制度体系，必须通过规制、调整自我以适应国际制度对其成员国的资格需求。所以，在踏入国际社会后很长的一段时间内，中国需要单方面地去适应国际制度的需求、接受国际制度的规范和约束。然后再在此基础上，通过综合实力的增强和对国际制度规则的把握来对国际制度框架下不合理、不公正的部分进行修改、补充和完善，尽力使修改的国际制度朝着国际关系民主化和公正合理的国际政治、经济新秩序的方向发展。但由于国际制度的惯性服务功能，要在短时间内撼动国际制度缔造者享有的国际制度结构优势地位非常困难。与传统国际制度不同，气候制度是中国自始至终以缔约者的身份参与其中的制度，不是简单地"融入"，也不是被动地"适应"某个现成的制度框架，而是作为这一演化进程中的一个重要角色，并力图使之向着有利于维护和增进中国根本利益的方向发展。[①] 在国际气候制度基础原则的确立、制度形式的设计以及议题设置等方面都拥有绝对的"先占性"权利，中国不用规制自我以适应制度需求，而是按照中国自身对制度的理解和期望来建构气候制度。当然，国际制度的内容形式或发展趋势不可能按照某个国家自身的愿望去发展和演变，它往往是整个国际社会成员相互较量和博弈的"合力"。但作为制度建构者和缔约者所享有的制度权利和需求利益要远远超过制度的后续加入者。在国际气候制度建构上，中国"先占性"最突出的表现就是共同但有区别的责任

---

① 　陈迎：《中国在气候公约演化进程中的作用及战略选择》，《世界经济与政治》2002 年第 5 期。

原则的确立。该原则为此后国际气候制度的谈判奠定了基调，确立了方向，并最大限度地维护了广大发展中国家的利益要求。当然，不可否则，发达国家凭借自身在政治、经济及科技实力上的优势在国际气候谈判和气候制度建构中占据一定主导地位，但发展中国家利用"先占性"原则促使国际气候制度建构向着相对公平和公正的方向发展发挥了重要作用。

二、谈判应对的被动性

上面提到，自气候合作伊始中国就以缔约者的身份积极参与其中，但除了在一些重大原则性问题上中国牢牢把握住一定的主导权外，在一些具体模拟评估、应对动议等问题上始终处于一种被动应付状态。在气候谈判开启以后比较长的一段时间内，气候问题无论是对中国政府、科研机构还是中国的学术界来说都是一个崭新事物，对气候问题的科学认定、减排成本的估算以及减排行为的后续影响等诸多方面与发达国家相比都存在应对能力严重不足的问题。"正是由于发展中国家的学者和研究者不能给予谈判者（或政府决策者）强有力的研究支持加上政府自身谈判经验和能力的欠缺，发展中国家倾向于采取被动防御的外交战略。"①能力不足成为影响和制约中国在内的广大发展中国家参与国际气候谈判的重要因素。近年来为扭转气候谈判中的相对劣势状态，中国加大了有关气候问题领域的人力、物力和财力的投入力度，在国际气候谈判中的总体应对能力有所提升。不过总体说来，在过去四十年的国际气候合作历程中，中国在一些具体科研议题领域与发达国家的较量中基本处于被动应对地位。中国更多时候是对别国提议或动议的评价、

---

① Michael Richards, "A Review of the Effectiveness of Develop ing Country Participation in the Climate Change Convention Negotiations", *Working Paper of Oversea Development Institute*, UK, December 2001, http: //www. odi. org. uk.，转引自庄贵阳:《后京都时代国际气候治理与中国的战略选择》,《世界经济与政治》2008 年第 8 期。

鉴定、响应、修正甚至否定的过程，很少主动提出建立在自身监测和计算基础上的具有前瞻性和影响力的气候应对方案。众所周知，IPCC 的评估报告是国际气候谈判的基础，每一次报告的出台直接推动了国际气候谈判的进展。报告内容虽然是基于对气候问题客观、科学的认知，但很大程度上体现了不同国家气候领域科研实力的较量。在 IPCC 的前三次的评估报告中，中国的声音总体说来是比较小的，进而决定了中国在国际谈判桌上的声音力度。中国在国际气候制度具体议题应对上的劣势取决于多方面的原因。首先，国内的研究机构及学术界未能将其研究与社会需要相结合，难以拿出一个国家层面的数据或方案来为中国的决策层提供参谋意见，支撑政府层面在国际谈判桌上的谈判。其次，政府在环境外交中未能形成统一的原则和方针作指导，就事论事，缺乏全面性、系统性和连续性，更没有形成有关气候外交的完整概念、计划、理论和策略，对国内高校及科研机构的相关研究也缺乏支持力度。国际气候谈判的复杂性、困难性及不确定性需要政府和社会各个层面和领域的共同研究应对，抓住气候问题本质，对各种方案的利弊得失做到胸中有数，在气候谈判中才可能摆脱被动应对态势。中国要维护自身权益，必须对一些重要核心议题提出建设性意见和具体方案；另一方面，由于未来发展的高度不确定性以及科学研究基础相对薄弱，中国对许多具体问题的取向又难以做出清晰的判断。①

近年来尤其是哥本哈根会议之后，中国在气候谈判中的被动应对态度相对有所改善。在哥本哈根会议陷于僵局、可能完全失败的重要关头，中国领导人多方斡旋，最后在主要谈判方之间达成《哥本哈根协议》，避免了最坏情况的出现，其影响力得到集中体现。② 随着德班加强平台的启动，尤其是环境问题在中国发展议题中地位的提升，中国对气候问题的应对能力和积极

① 陈迎：《在气候公约演化进程中的作用及战略选择》，《世界经济与政治》2002 年第 5 期。
② 张海滨：《关于哥本哈根气候变化大会之后国际气候合作的若干思考》，《国际经济评论》2010 年第 4 期。

性进一步提升。2015 年 11 月 30 日，习近平总书记出席了巴黎大会的开幕式并发表了题为《携手构建合作共赢、公平合理的气候变化治理机制》的重要讲话，这是中国国家元首第一次出席《公约》缔约方会议，为巴黎协定的谈判及签署注入了强大的政治推动力。这表明中国在一定程度上克服了国际气候谈判及制度建构中被动应对的战略态势，凸显更为积极作为的主动和担当。

三、自身角色的双重性

气候问题源于世界上所有国家的生产、生活排放，理应由全世界所有国家共同应对和解决。但由于历史责任、发展水平、生态脆弱以及排放量等方面的差异，各国在应对气候变化问题中的能力和地位处于严重不平衡和不对称状态。同传统问题领域的争端解决一样，大国在气候问题的解决中仍然要承担主要责任，发挥举足轻重的作用。中国理应在温室气体减排、应对气候变化方面作出突出贡献，但同时，中国在国际气候谈判中的"双重角色"经常将其置于比较尴尬的谈判地位。从国际地位来看，中国是世界上最大的外汇储备国、世界第二大经济实体，中国制造的世界市场地位不容动摇，GDP 的增长速度居世界前列；但同时中国国内城乡、地区收入分化现象严重，脱贫和发展经济仍是中国的第一要务。从责任需求来看，中国是煤炭消费大国、能源消费大国、二氧化碳和二氧化硫排放大国，未来能源消费和排放空间需求较大，中国理应控制其自身温室气体的排放，加大应对气候变化问题的力度；但同时，中国又是一个发展中国家，发展经济和消除贫困是中国的首要任务，中国目前的发展阶段和能源消费结构决定了中国的高碳排放。从敏感性和脆弱性来看，中国是世界上人口最多、自然生态环境较脆弱的国家，中国是全球气候变化的最大受害者之一，中国必须以积极的姿态响应与加入应对气候变化的全球治理与国际协议；但同时国内经济发展与环境、气候改善之间的矛盾还很突出，较低的经济水平、落后的技术能力和有限的资源，难以承受与发达国家同等性质的减排义务。从国际形象来看，应对气候变化是每个国家共同的责任和义务。作为负责任的发展中大国，一方面要恪守承诺，为维护全球环境作出贡献；另一方面中国目前的综合能力、技术水平等各方面与发达国家存在较大差距，在处理国民经济发展与环境协调均衡发展的能力上力不从心。中国角色的双重性必然使其在参与全球气候谈判的过程中始终处于立场的抉择、平衡与协调的过程之中，如何权衡力度、把握适度，无疑是对中国外交智慧的重大考验。

四、与整体外交的相关性

任何议题领域的外交都不是孤立进行的，它无疑要受到其他议题层面的影响和制约，气候外交亦是如此。在国际社会中，中国气候外交并不是孤立存在的，气候谈判的立场和态度变化与中国总体的外交战略密切相关，是中国总体外交战略的一个缩影。在《公约》谈判及生效阶段，中国参与的立场是被动积极的，一个很重要的原因就是当时中国所处的外交境况。20 世纪 80 年代末 90 年代初，中国正面临因"六四"事件被西方国家集体封锁遏制的局面，"气候外交"正好为当时的中国打破外交困境提供了一个很好的机遇和平台，所以中国在这一时期的气候谈判中表现较为积极和活跃。20 世纪 90 年代中期以后，随着中国国家实力的增长，中国与西方国家尤其是美国在很多领域矛盾加剧，中美关系跌宕起伏，在入世谈判、台海冲突、人权问题及中国驻南联盟使馆被炸等问题上更是一波三折，在此种总体的外交环境下，中国参与气候谈判的立场和态度也趋于保守和"敏感"。进入 21 世纪以后，随着中国"入世"和"9·11"事件后国际形势新的发展变化，中国对自身战略定位以及自身与外界关系的定位发生了更大变化。对中国来说，"负责任大国"的提出不单纯是国际形象的建设目标，更表征着中国参与国际事务态度的重大转变。党的十八大以后，随着构建新型国际关系和人类命运共同体目标的提出，积极应对气候变化、加强气候治理无疑成为中国践行上述外交理念的重要平台和载体。自此，中国开始了建设性引领气候治理的新时代。

五、制度建构的公平性

全球气候制度建构的过程实质上是工具主义和规范主义相互斗争和博弈的过程，发达国家和发展中国家在国际气候谈判中坚持效率优先还是公平优先，实质上就是工具主义和规范主义两种理念的较量。20世纪90年代初，由于对气候问题具体内涵缺乏了解，对气候问题的科学认知及应对气候问题的深远影响未能完全把握的前提下，中国充分利用制度建设的"先占"原则，努力使规范主义构建思路主导全球气候制度的建构历程，坚决反对发达国家提出的偏重效率的工具主义的构建理念，尽力利用制度的公平原则来弥补其自身在应对气候变化问题上的弱势地位。不过，近年来，随着中国对国际气候制度的建构由原先的被动应对、谨慎评价转变为现在的主动出击，其制度设计的思路也由原先单纯偏重规范主义转向同时兼顾工具主义，中国开始从更加高瞻、更加理性和更加多元的立场来思考和探讨国际气候制度的公平和效率问题。

六、稳中有变的渐进性

中国参与国际气候谈判的立场和态度伴随着自身对气候问题和国家利益关系认知的深入而不断发生变化。但这种变化并不意味着中国谈判立场的根本性的转变，而是"稳"中有"变"、以"变"促"稳"。"稳"的是共同但有区别的责任原则一直是国际气候谈判的基础性原则，中国和其他发展中国家并将其作为参与气候谈判的底线，使国际气候谈判相当长的时间内基本在"南北博弈"的态势上得以进行。"变"的是中国参与气候谈判的态度更加积极，原则更加灵活，立场更加开放，途径更加多样化。为了将美国纳入全球应对气候变化的框架之内，开启了国际气候谈判的"双轨制"；为了促进气候会议取得进展，哥本哈根会议前夕主动亮出了强度减排目标；为了在资金问题上达成协议，在"三可"问题上做出了重大让步；为了将应对气候问题落到实处，将量化减排目标纳入国家的发展规划；在美国宣布退出《巴黎协定》后，明确表示继续严格履约《巴黎协定》下的承诺。总之，中国目前应对气候变化的立场和态度与"在达到中等发达国家水平之前不承担减排义务"时期相比，已经发生了巨大变化。随着国际气候谈判的进展及中国自身状况的发展变化，中国今后在应对气候变化问题上的立场可能会有更大突破，但前提是国际气候谈判在共同但有区别的责任原则框架下进行，短期内拒绝承担与发达国家同等性质的减排责任的立场难以松动。

总体来看，中国在国际气候谈判过程中所表现出来的介入气候问题的"先占"性、谈判应对的被动性、自身角色的双重性、与整体外交的相关性、制度建构的公平性以及稳中有变的渐进性这些特点，是对过去近40年间中国参与国际气候谈判历程的梳理和归纳，亦是对中国参与国际气候制度建构作为的侧面认知。正确认知和把握这些特点，对中国参与后巴黎时代国际气候制度建构具有重要的指导和借鉴意义。

中国在国际气候治理过程中的道义话语权、制度话语权以及科学话语权是中国在国际气候治理不同层面留下的"中国烙印"。这些"中国烙印"在促使国际气候治理在有利于发展中国家的相对公平、公正的原则的前提下进行发挥了重要作用，并成为此后国际气候治理过程中发展中国家与发达国家较量的基线。对中国参与国际气候治理话语权建构特点的梳理和归纳，既是对这段历史时期中国参与气候治理历程作为的客观认知和评价，又是中国在后续气候谈判过程中可以引以为鉴的经验和借鉴。总体来说，在气候谈判初期，基于维护自我利益的本能，中国从宏观上牢牢地抓住了"共同但有区别责任"原则这一护身符，但对国际气候治理领域的相关标准、规范、模式、程序、机制工具等内容几乎都没有制定权、解释权、主导权和控制权。2℃升温阈值、2020 年峰值年、2050 年排放减半、低碳经济和低碳社会、碳交易和碳关税等，这些原产于欧洲的新概念俨然已成为国际科学界、学术界、新闻媒体乃至国际气候谈判的主流话语，甚至近年来国际气候领域达成的最重要的文献《公约》《京都议定书》乃至《巴厘路线图》和《巴黎协定》亦采纳了上述话语表述。所以，在国际气候制度建构的相当长的一段时期内，中国基本处于"守势"，将主要精力用于协调发展中国家之间的立场，防止发达国家打破"共同但有区别责任"原则以及与之相应的"南北国家两分法"之"规范"，然后在此基础上对西方发达国家提出的应对气候变化的概念、指标、数据等进行研究、模拟、认可或拒绝。中国采取这种被动防御的策略，客观上也导致中国在应对国际气候变化领域"游戏规则"制定上难以发挥影响力，乃至在相当程度上造成把对未来该领域国际法律制度重塑的主导权交由发达国家掌控的重大不利后果。①

---

① 徐崇利：《〈巴黎协定〉制度变迁的性质与中国的推动作用》，《法制与社会发展（双月刊）》2018 年第 6 期。

第四章 国际气候制度在中国的内化：表现、动力和影响

2018 年 12 月 15 日，联合国卡托维兹气候大会顺利闭幕，如期完成了《巴黎协定》实施细则谈判，通过了"一揽子"全面、平衡、有力度的成果，全面落实了《巴黎协定》各项条款要求，标志着国际社会进入以"自下而上"为核心特征的履约新阶段。回溯国际气候制度建构历程，从《公约》到《京都议定书》再到《巴黎协定》，这些气候协议的签署及生效充分体现了国际社会在应对气候变化问题上取得了巨大成就和进步。但从根本意义上来说，国际机制的运行和实际效用主要依赖各参与国家的具体政策得以实现。相反，如果不与国家这样牢固的依托相联系，国际机制的作用就会飘忽不定。① 所以，国际社会应对气候变化的效力取决于国际气候制度的治理效力，而后者又依赖于国际气候制度在参与国的内化程度和水平。作为温室气体排放大国，国际气候制度在中国的内化状况成为衡量国际气候制度治理效力的重要内容。基于此，国际气候制度在中国内化的表现有哪些？内化的动力是什么？国际气候制度在中国的内化对中国产生了什么影响？对上述问题的研究和解答对我们客观理解和认知国际气候制度的治理效力以及分析中国在国际气候治理中的作为和努力意义重大。

---

① 罗伯特·基欧汉著：《霸权之后：世界政治经济中的合作与纷争》，苏长和等译，上海人民出版社 2006 年版，第 74 页。

第一节　国际气候制度在中国内化的表现

随着经济全球化和信息社会化的发展，为应对全球问题给人类社会带来的诸种挑战，各国纷纷签署加入了错综复杂的国际组织和契约制度，纵横交错的国际制度网络不可避免地对各国的内部政策及行为产生了重要影响。有的学者采取了"颠倒的第二印象"（the reversed second image）方法来探讨全球化和国际体系因素对国内政治的影响，认为一国的内政受到国际因素影响甚至因之改变。[①] 安德鲁·科特尔（Andrew P. Cortell）和詹姆斯·戴维斯（James W. Davis）认为如果国际规范被成功内化就意味着获得了国内合法性，为衡量内化的程度，他们提出了测量这种合法性的标准，即政治话语权、国内制度及政策调整。[②] 杰弗里·加勒特和彼得·兰格认为，国家国际化的过程必然重塑其国内政府的利益偏好，进而引起国内政治制度及政策产出发生变化。[③] 瑞哈迪特（Eric Reinhardt）强调了国际组织、国际制度和国际承诺对国内制度设计的推动和促进作用，国际制度塑造国内议事日程的设定和政策结构等。[④]

综上可见，国际制度的内化是指国家接受了国际制度内容的影响，并内在地认为这些制度具有固有的回报。在国际权威缺失的状态下，国际制度的运行和实际效用主要依赖各参与国的具体政策和行为即内化得以实现。

---

① Peter Gourevithch, "The Second Image Reversed: The International Sources of Domestic Politics", *International Organization*, Vol.32, Issue 4, (1978), pp.881-912.

② James W. Davis & Andrew P. Cortell, "Understanding the Domestic Impact of International Norms: A Research Agenda", *Internatioanl Studies Review*, Vol. 2, No.1, (2000), pp.65-87.

③ ［美］罗伯特·基欧汉，海伦·米尔纳：《国际化与国内政治》，姜鹏等译，北京大学出版社 2003 年版，第 53—79 页。

④ Eric Reindhardt, "Trying Hands without a Rope: Rational Domestic Response to International Institutional Constraints", in *Locating the Proper Authorities*, Drezner (ed.), Michigan: University of Michigan Press, 2003, pp.91-100.

一、气候管理归口单位的设立和调整

在日益制度化的国际社会中，一国政府一般要建立与国际制度相对应的配套或者归口单位，以完成对国际制度的需求和应对。在参与国际气候制度建构的过程中，中国逐步学习融合，并根据国际气候制度的需要设置、调整国内气候管理的归口单位。20世纪80年代，中国主要从科学角度来应对气候变化问题，由中国气象局提出《公约》谈判的政策建议。20世纪90年代以后，随着气候变化问题的政治敏锐性不断上升，中国就应对气候变化体制机制作了相应调整。1990年，中国政府就在当时的国务院环境保护委员会之下设立了国家气候变化协调小组，协调小组办公室设在原国家气象局。国家气候变化协调小组负责气候政策和主要成员机构间的协调，分为四个工作组，其中前三个工作组与IPCC的组织机构设置相对应。科学评估工作组由国家气象局领导，影响评估工作组和政策应对工作组分别由国家环保局和国家计委（1998年改名为国家发展和改革委员会）领导。第四工作组由外交部领导，负责国家协议谈判和与环境外交相关的事务。第四工作组是非常独特的，在某种程度上协调其他三个小组的工作，这个小组的领导机构实质上成为整个国家气候变化协调小组的领导机构。国家气候变化协调小组在气候变化问题上只是起到咨询作用，其具体的政策决策及应对措施由当时的六大部委即国家科技委、国家计委、国家环保总局、外交部、能源部和气象局联合磋商完成。当然，在参与应对气候问题的这六大部委中，政策决定权的实际分配是不断发生变化的，一些机构在政策制定过程的科学方面更具有影响性，但在政治讨论问题上却或多或少处于劣势地位。有的部门在名义上具有监督权，但在实际的决策制定过程中却起不到决定性作用。

随着气候问题谈判的深入尤其是《京都议定书》签署以后，中国面临的问题越来越复杂，应对气候变化涉及的领域越来越广泛，中国气象局难以继续承担协调任务。1998年，中国成立了应对气候变化问题的跨部门议事协调机构——国家气候变化对策协调小组。国家发展和改革委员会是组长单位，外交部、科技部、农业部、环保总局等是副组长单位。2003 年 10 月，经国务院批准，新一届国家气候变化对策协调小组正式成立。国家气候变化对策协调小组的主要职责是讨论涉及气候变化领域的重大问题，协调各部门有关气候变化的政策和活动，组织对外谈判，对涉及气候变化的一般性跨部门问题进行决策。对重大问题或各部门有较大分歧的问题，将报国务院决策。① 为保证协调小组工作的顺利进行，设立国家气候变化对策协调小组办公室，负责承办协调小组的日常工作。

《京都议定书》生效以后，2007 年 6 月，国务院决定成立国家应对气候变化领导小组。由时任总理温家宝担任组长，18 个部委是领导小组成员，办公室设在国家发展和改革委员会。作为国家应对气候变化工作的议事协调机构，国家发展和改革委员会承担领导小组日常工作，全面统筹、协调、解决应对气候问题上的重大问题，进一步加强了对应对气候变化工作的领导。

2008 年，国家发展和改革委员会成立应对气候变化司。此后，不少省市发改委也相继设立了气候处来推动相关工作。截至目前，已基本形成由国家应对气候变化领导小组统一领导、应对气候变化主管部门归口管理、各地区和部门分工负责、全社会广泛参与的体制机制，为全国应对气候变化工作提供了有力保障。面对气候变化等非传统安全威胁持续蔓延。2015 年，习近平总书记强调，要加强国际社会应对资源能源安全、粮食安全、网络信息安全、应对气候变化、打击恐怖主义、防范重大传染性疾病等全球性挑战的能力。将气候变化上升到国家安全的高度，表明中国高度重视应对气候变化问题。② 2018 年，按照中国政府机构改革的安排部署，国务院对国家应对气

---

① 于宏源：《环境变化和权势转移：制度、博弈和应对》，上海人民出版社 2011 年版，第 108 页。

② 刘长松：《改革开放与中国实施积极应对气候变化国家战略》，《鄱阳湖学刊》2018 年第 6 期。

候变化及节能减排工作领导小组组成单位和人员进行调整，将应对气候变化和减排职能划转到生态环境部，将增强应对气候变化与环境污染防治的协同性，增强生态环境保护的整体性。

二、政府气候相关议事日程的调整和变化

中国参与国际气候事务，除了在国内建立应对气候变化相应的配套归口单位外，政府气候相关的议事日程也发生了一定的调整和变化。1972 年中国派代表参加斯德哥尔摩联合国人类环境会议，这是中国重返联合国后派代表参加的第一次多边会议。斯德哥尔摩人类环境会议之后，"环境保护和可持续发展的观念逐步为各国接受，环境意识正在成为全人类的共识；各国普遍建立了环境保护机构和组织，颁布了环境保护法律法规和标准；环境保护科研和检测体系在各国逐步建成。"[①] 在此背景下，1973 年第一届中国环境会议在北京拉开帷幕，开启了中国环保之路的旅程。1979 年 9 月五届全国人大第十一次常委会通过了《中华人民共和国环境保护法（试行）》，结束了中国无环境保护法的历史。在这部法律中，明确了环境保护的范围，规定了环境保护的任务，并对自然资源开发利用和防止环境污染做出了若干具体规定。最为重要的是设立了环境保护机构并确定其职能。法中规定：国务院设立环境保护机构，各省、自治区、直辖市设立环境保护局。市、自治州、县、自治县根据需要设立环境保护机构。除国家一级没有按照该法及时设立正式机构外，各省、市、区都相继设立了环境保护局，市、州、专署、县也大都设立了环保局，为环保事业提供了组织保障。[②] 同时，第二次国家环保会议还形成了环境保护的三项基本原则：由强调环境治理与预防的结合转而强调环

---

① 王之佳：《全球环境问题和中国环境外交》，中国环境科学出版社 2003 年版，第 3 页。
② 曲格平：《我们需要一场变革》，吉林人民出版社 1997 年版，序第 10—11 页。

境预防，污染者付费原则和强调环境管理。1984 年，国务院将环境保护委员会提升为环境保护局（NEPB），受城乡建设和环境保护部的领导，加大环境保护的人力、物力和财力。1988 年 3 月，环境保护局从城市—农村建设和环保部独立出来，直接对国务院负责。1989 年，全国人大常务会议正式颁布了中国第一部环境保护法。1992 年，联合国环境与发展大会通过了《里约宣言》和《21 世纪议程》，体现了可持续发展的新思想，加强环境和生态保护成为各国发展经济的重要原则。1994 年，中国制定了《中国 21 世纪议程》，确立了可持续发展战略，这是中国政府制定国民经济和社会发展中长期计划的指导性文件，标志着环境治理和生态保护问题得到高度重视。中国从环发会议的筹备、召开到会后行动，与 20 年前出席斯德哥尔摩人类环境会议形成鲜明对照，说明对环境保护的认识已发生了深刻的变化。[①]

　　1996 年，中国颁布了第一个有关环境保护量化目标的五年计划（如温室气体排放量），同年，还颁布了一份环境政策白皮书，强调经济发展与环境保护不可偏废，并重申发达国家在公约框架下应对气候变化。[②] 随着我国对气候问题关注度的上升，气候问题在我国环境议事日程中的地位也随之提升。2006 年，中国"十一五"规划纲要提出了新中国成立以来第一个节能减排的战略目标，即五年内单位国内生产总值能耗降低 20% 左右、主要污染物排放总量减少 10%。2007 年，党的十七大报告中明确提出了生态文明建设的目标，强调节约资源和保护环境的基本国策。2009 年 11 月，国务院常务会议明确提出，到 2020 年我国单位国内生产总值二氧化碳排放比 2005 年下降 40%—45%，并将其作为约束性指标纳入国民经济和社会发展中长期规划。[③]"十二五"期间，中国实施了碳强度下降目标责任制，对单

---

① 曲格平：《我们需要一场变革》，吉林人民出版社 1997 年版，序第 16 页。

② Information Office of the State Council of the PRC, White Paper-Environmental Protection in China, June 1996, http://www.redfish.com/USEmvassy-China/Sandt/Sandt.htm.

③ 吴耀琨：《国际气候变化谈判与中国的应对》，《攀登》2010 年第 2 期。

位国内生产总值二氧化碳下降目标进行分解，确定了各省（自治区、直辖市）单位国内生产总值二氧化碳排放下降指标，并建立了目标责任制评价考核制度。[①] 十八届三中全会更是提出要划定生态红线，从制度层面推进生态文明建设。为落实《"十三五"控制温室气体排放工作方案》，各地区积极部署相关工作，截至 2018 年 6 月，全国 31 个省（区、市）均发布了省级"十三五"控制温室气体排放的相关方案或规划，其中 25 个省（区、市）发布了"十三五"控制温室气体排放工作方案，6 个省（区、市）以相关规划、方案或意见的形式对"十三五"控制温室气体排放工作进行了安排。[②]

自中国参与国际气候谈判以来，除了努力完成《公约》和《京都议定书》下应承担的责任和义务外，开始将应对气候变化纳入国家可持续发展的战略框架下，并将气候变化与中国的能源战略和经济结构调整结合起来考虑，体现了中国在国际气候制度建构下政府议事日程的相应变化。

三、具体气候政策与实践应对

2004 年中国正式向《公约》缔约方大会提交了《中华人民共和国气候变化初始国家信息通报》。2006 年 12 月，中国发布了第一部有关全球气候变化及其影响的国家评估报告——《气候变化国家评估报告》，其目的是为制定国民经济和社会的长期发展战略提供科学决策依据、为中国参与气候变化领域的国际行动提供科技支撑、总结中国的气候变化科学研究成果并为未来的科学研究指出方向。[③] 2007 年 6 月，中国又发布了《中国应对气候变化

---

① 《中国应对气候变化的政策与行动 2013 年度报告》，国家发展和改革委员会，2013 年 11 月，见 http://www.ndrc.gov.cn/gzdt/201311/W020131107539683560304.pdf。

② 《中国应对气候变化的政策与行动 2018 年度报告》，生态环境部，2018 年 11 月，见 http://hbj.als.gov.cn/hjgw/201812/W020181205332113744636.pdf。

③ 《气候变化国家评估报告》编写委员会：《气候变化国家评估报告》，科学出版社 2007 年版，前言第 2 页。

国家方案》，成为制定国内气候政策的基本依据。这是全球发展中国家颁布的首个应对气候变化的国家方案，开启了发展中国家应对全球气候变化问题的新篇章。[①] 同年6月，为有效落实《国家中长期科学和技术发展规划纲要（2006—2020 年）》确定的重点任务，为《中国应对气候变化国家方案》的实施提供科技支撑，中国科技部联合国家发展和改革委员会等 14 个部委公布了《中国应对气候变化科技专项行动》。[②] 同时，为了推动《中国应对气候变化国家方案》的实施，地方层面应对气候变化方案也相继出台。在联合国开发计划署（UNDP）、挪威政府和欧盟的共同支持下，中国于 2008 年 6 月 30 日启动了"省级应对气候变化方案项目"，旨在通过帮助地方各省市制定省级应对气候变化方案或大纲，健全地方应对气候变化的相关组织机构，提高省级政府应对气候变化的能力。[③] 在此基础上，中国的一些部门还根据自身行业特点出台了相关计划。例如，2009 年 11 月，国家林业局发布了《应对气候变化林业行动计划》，为林业部门应对气候变化作出了政策规划。

从 2008 年开始，中国政府连续发布《中国应对气候变化的政策与行动》年度报告，阐明中国应对气候变化的进程和基本路径。此后，中国又于 2013 年正式启动国内首批碳排放权交易试点，开始通过市场化机制有效控制温室气体排放。2013 年和 2014 年，国家发展和改革委先后印发了《国家适应气候变化战略（2013—2020 年）》和《国家应对气候变化规划（2014—2020 年）》，将"减缓"和"适应"共同纳入中国应对气候变化政策体系，明确提出到 2020 年单位国内生产总值二氧化碳排放比 2005 年下降 40%—45%；非化石能源占一次能源消费的比重达到 15% 左右；森林面积和蓄积量分别比 2005 年增加 4000 万公顷和 13 亿立方米。2017 年 10 月党的十九大开幕式上，中国又

---

① 中国国家发展和改革委员会：《中国应对气候变化国家方案》，2007 年 6 月。

② 《中国应对气候变化科技专项行动》，2007 年 6 月，见 http://www.ccchina.gov.cn/Web-Site/CCChina/UpFile/File198.pdf。

③ 《我国于 30 日正式启动省级应对气候变化方案项目》，见 http://www.china.com.cn/tech/zhuanti/wyh/2008-07/01/content 15915198.htm。

首次将应对气候变化写进报告，并明确了"引领"与"合作"的未来中国应对气候变化工作思路。我国应对气候变化工作的开启不仅是加快生态文明建设、改善我国人民生产生活条件的迫切需求，也是作为世界温室气体排放大国的责任，更是提升全球应对气候变化话语权，凸显大国地位的战略布局。

除具体的气候政策制定及实施外，自 20 世纪 80 年代起中国还着手通过节约能源、提高能效、调整能源消费结构的方式来减缓自身在应对气候变化问题上存在的压力。在优化能源结构方面，中国政府继续严格控制煤炭消费，推进化石能源清洁化利用，大力发展非化石能源；在节能及提高能效方面，强化目标责任，完善统计制度和标准体系，推广节能技术和产品，加快发展循环经济，推进建筑领域节能和绿色发展，推进交通领域节能和绿色发展；在控制非能源活动温室气体排放方面，积极控制工业领域温室气体排放，控制农业领域温室气体排放以及控制废弃物处理领域温室气体排放，等等。经过各方共同努力，2017 年中国能源结构进一步优化，煤炭、石油、天然气和非化石能源在能源消费中占比分别为 60.4%、18.8%、7.0% 和 13.8%，比 2016 年分别下降 1.6%、提高 0.5%、提高 0.6%、提高 0.5%。[①]"十三五"时期，国家实行能源消耗总量和强度"双控"行动，国家"十三五"规划《纲要》要求"十三五"全国单位 GDP 能耗下降 15%，能源消费总量控制在 50 亿吨标准煤以内。[②] 截至 2017 年，中国单位国内生产总值（GDP）二氧化碳排放（以下简称碳强度）比 2005 年下降约 46%，已超过 2020 年碳强度下降 40%—45% 的目标，碳排放快速增长的局面得到初步扭转。非化石能源占一次能源消费比重达到 13.8%。[③]2017 年，中国

---

① 《中国应对气候变化的政策与行动 2018 年度报告》，2018 年 11 月，见 http://hbj.als.gov.cn/hjgw/201812/W020181205332113744636.pdf。

② 《中国应对气候变化的政策与行动 2018 年度报告》，2018 年 11 月，见 http://hbj.als.gov.cn/hjgw/201812/W020181205332113744636.pdf。

③ 《中国应对气候变化的政策与行动 2018 年度报告》，2018 年 11 月，见 http://hbj.als.gov.cn/hjgw/201812/W020181205332113744636.pdf。

在经济结构持续优化的同时，实现了 2011 年以来经济总量增速首次回升，GDP 比上年增长 6.9%，增速比上年加快 0.2 个百分点，其中，第一产业、第二产业和第三产业分别增长 3.9%、6.1%和 8.0%，第一、二、三产业增加值占 GDP 的比重分别为 7.9%、40.5%和 51.6%。①

第二节 国际气候制度在中国内化的动力

国家利益是民族国家时代国家生存和发展的必要条件，是任何主权国家外交活动的最高原则和最终归宿。② 除了利益认知因素外，国际制度在内化进程中的角色——源自国际制度自身的压力——也是推动内化现象产生的重要动力，主要包括如下两个方面：其一，国家在与国际制度的互动中直接感知的来自国际层面的规定、约束和限制；其二，因国内的现实状况及未来趋势与国际制度的要求存在的巨大差距和鸿沟所引发的束缚感和紧迫感。③ 具体到气候治理领域，一国气候问题的脆弱性和敏感性即生态损益也是国家行为转变的重要推动因素。

一、利益认知

在国际气候谈判过程中，中国的气候立场及国内气候政策应对均取决于自身对国家利益获得的认知，而且在参与国际气候制度建构的不同阶段，中国对利益诉求的内容及侧重点也存在很大差异。

---

① 《中国应对气候变化的政策与行动 2018 年度报告》，2018 年 11 月，见 http://hbj.als.gov.cn/hjgw/201812/W020181205332113744636.pdf。

② 郭树永：《国际制度的融入与国家利益——中国外交的一种历史分析》，《世界经济与政治》1999 年第 4 期。

③ 马建英：《国际气候制度在中国的内化》，《世界经济与政治》2011 年第 6 期。

在《公约》谈判生效阶段，中国的利益认知主要是想得到来自发达国家的资金和技术支持，以及通过气候外交缓解 20 世纪 80 年代末 90 年代初面临的国际环境压力。在这个阶段，中国积极参与了《公约》及相关会议的历次谈判并积极履约国际气候制度对于中国提出的义务要求。

在《京都议定书》谈判及生效阶段，中国意识到气候问题的多维特性，需要跳出环境内涵的思维予以应对，因此中国国内主管或领导气候管理归口单位的机构也相应作出调整，由国家气象局向国家发展和改革委员会手中转移。

后京都时期，随着美国退出《京都议定书》，国际气候治理面临严峻的挑战，加上中国日益意识到，走低碳发展之路不仅有利于应对气候变化，而且对促进中国资源节约型和环境友好型社会建设意义重大，有利于中国在未来的低碳竞争中获取战略优势。而且，在这个时期，中国发现通过京都三机制尤其是清洁发展技术（CDM）的合作，可以大大促进中国的低碳技术进步和发展。中国 CDM 项目自 2005 年 1 月 25 日首个获得国家批准项目起，经历短期的经验积累后迅速进入快速发展阶段，至 2009 年 1 月 26 日，中国 CDM 注册项目数、注册项目预期年减排量以及签发的核证减排量全面超过印度，跃居全球首位。[①] 截至 2014 年 12 月 31 日，中国在联合国 CDM 执行理事会注册成功的项目是 3763 项，占世界注册项目总量（7589 个）的 49.658%。[②] 其中，已获得 CERs 签发的中国 CDM 项目达 1448 个。[③] 由国内主管部门累计批准的 CDM 项目更是达到 5073 个。[④] 它们主要集中在新能源和可再生能源、节能和提高能效、甲烷回收利用、垃圾处理及焚烧等方面，

---

① 《中国清洁发展机制项目发展状况（截至 2014 年 12 月 31 日）》，国际新能源网，见 http://newenergy.in-en.com/html/newenergy-1536153626998958.html。

② 《中国 CDM 项目注册最新进展（截至 2014 年 12 月 31 日）》，中国清洁发展机制网，见 http://cdm.ccchina.gov.cn/ItemInfo.aspx?Id=92。

③ 《已获得 CERs 签发的中国 CDM 项目（1448 个）（截至 2015 年 5 月 31 日）》，中国清洁发展机制网，见 http://cdm.ccchina.gov.cn/NewItemAll2.aspx。

④ 《国家发展改革委批准的 CDM 项目（5073 个）（截至 2015 年 5 月 5 日）》，中国清洁发展机制网，见 http://cdm.ccchina.gov.cn/NewItemAll0.aspx。

这些项目的开展对减少温室气体排放、改善中国的环境状况意义重大。与此同时，随着中国与 CDM 项目的深入合作，中国在"经核实的减排量（CERs）"方面收益颇丰，截至 2014 年 7 月 31 日，中国 CDM 项目已签发的 CERs 为 8.865 亿吨二氧化碳当量，占东道国签发项目减排总量的 60.2%，列居世界第一，远远超过位居世界第二位的印度（13.3%）。[①] 仅 2013 年，中国清洁基金就收取 565 笔国家收入款项，折合人民币 12.6 亿元。截至 2013 年 12 月 31 日，清洁基金累计收取了 2486 笔国家收入款项，折合人民币 133.9 亿元。[②]

到了《巴黎协定》谈判及生效时期，中国国内环境的"溢出效应"以及中国外交的转型与责任担当是中国积极引导应对气候合作、履约国际气候协定的重要原因。中国日益真切感受到应对气候变化与国内生态文明建设是相辅相成的关系，开始从构建人类命运共同体高度积极推动全球应对气候变化，并在国内积极践行创新、协调、绿色、开放、共享的发展理念，形成人与自然和谐发展的现代化建设新格局。在 2015 年巴黎气候大会前，中国提交给《公约》秘书处的"国家自主贡献"文件中，明确提出将于 2030 年左右使二氧化碳排放达到峰值并争取尽早实现，2030 年单位国内生产总值二氧化碳排放比 2005 年下降 60%—65%，非化石能源占一次能源消费比重达到 20% 左右，森林蓄积量比 2005 年增加 45 亿立方米左右。这不仅是应对气候变化的目标所需，更是与国内经济结构、能源结构调整以及生态文明建设的重要内容。

二、制度压力

自中国参与国际气候谈判伊始，中国就以非附件 I 国家的身份承担《公

---

① CDM Pipeline overview, http://www.cdmpipeline.org/.

② 《中国清洁发展机制基金 2013 年报》，第 5 页，http://www.cdmfund.org/userfiles/ 基金 2013 年报（中文版）.pdf。

约》下的责任和义务，不需要承担类似发达国家的硬性量化减排责任。但随着中国自身经济实力的增长及温室气体排放量的迅猛增加，中国在国际气候谈判中所承受的制度压力越来越大。这种制度压力主要来自两个方面：一是中国的碳排放所占的世界比重，二是完成全球气候治理 2℃ 温升目标的"缺口"压力。

就中国的温室气体排放来看，在较长一段时间内中国的温室气体排放还会呈上升趋势，而且中国温室气体排放量的世界比重也会呈上升趋势。而且，随着中国经济社会的发展，中国的人均温室气体排放量也日益上升，当前中国的人均碳排放量已经超过世界平均水平的 40% 以上，人均二氧化碳排放量与发达国家基本持平，受此影响中国政府在减缓气候变化方面的责任更重。[①] 中国二氧化碳的绝对排放量使中国在国际气候谈判中所受的压力巨大。在德班平台（ADP）谈判框架下，国家自主决定的贡献和共同但有区别的责任和各自的能力（CBDR-RC）不仅是中国与发达国家相互较量的焦点，亦是中国与其他发展中国家相互博弈的重要内容。中国的温室气体排放现状及气候治理格局的变化决定了中国是气候问题解决的关键成员。因此，面对全球性的气候变化，中国不仅要做好自己的事情，也要为全球安全作出贡献，不断增强国际话语权，与国际社会加强合作，共同应对气候变化。

就完成气候治理 2℃ 温升目标的"缺口"来看，中国面临的压力也非常大。前面提到，要实现全球温升 2℃ 目标，需要在 2030 年将全球温室气体排放量控制在 500 亿吨二氧化碳当量，2050 年在此基础上削减 40%—70%，2100 年实现净零排放。[②] 但根据联合国环境规划署 2017 年 11 月发布的《排放缺口报告》，即使所有的国家保质保量地完成其所提交的"国家自主贡献"

---

① 巢清尘：《国际气候变化科学和评估对中国应对气候变化的启示》，《中国人口·资源与环境》2016 年第 8 期。

② IPCC，Climate change 2014: *Mitigation of Climate Change*，Cambridge: Cambridge University Press, 2014.

目标承诺，也只是涵盖 2℃温升目标所需减排量的 1/3。如果这种缺口不能得到及时有效的弥补，到 2100 年全球温升仍将会达到 3.2℃（或 3.16℃）。2017 年 6 月 1 日，美国特朗普政府宣布退出《巴黎协定》，同时拒绝履行其在《巴黎协定》框架下的责任和义务，这无疑给正在艰难前行的国际气候治理带来非常沉重的打击和负面影响。

三、生态损益

20 世纪 80 年代末 90 年代初，中国正处于努力建设小康社会、全心全意进行经济建设的关键时期，但对经济高速发展引发的以及可能进一步加剧的生态环境问题已有所关注。中国当时人口已超过 11 亿，以占世界 7% 的土地养活了占世界 22% 的人口，人均水资源只及世界平均的 1/4，土地、水资源所承载的人口都大大超过世界平均水平，[①]农业靠"天"吃饭，工业能耗和资源消费需求增长迅猛，整个国民经济对气候变化具有高度的脆弱性和敏感性。"虽然气候变化问题在科学上还有一些不确定性，而其后果也将在二三十年后才显现出来，但为了国家的长远利益，建议国务院把气候变化问题提到战略决策和长远规划的高度和议事日程上来。"[②]同时，当时中国的生态环境问题也引起了国际社会的广泛关注。如著名中国问题专家李侃如（Kenneth Lieberthal）认为，环境问题关系到中国能否有效应对和解决大规模人口迁徙、主要社会压力、潜在经济和卫生灾难，强调中国必须投入大量的资源来应对全球环境灾难。[③]

[①]《出席第二次世界气候大会的报告》，载国务院环境保护委员会秘书处：《国务院环境保护委员会文件汇编（二）》，中国环境科学出版社 1995 年版，第 254 页。

[②]《出席第二次世界气候大会的报告》，载国务院环境保护委员会秘书处：《国务院环境保护委员会文件汇编（二）》，中国环境科学出版社 1995 年版，第 255 页。

[③] Lieberthal Kenneth, "China's Political System in the 1990s", *East Asia*, Vol.10, No.1, (1991), pp.71-77.

随着工业化和现代化建设的推进，国内经济社会建设与资源环境的压力和矛盾日益凸显出来，气候变化及气候极端事件给人民的生命财产和生活环境造成的负面影响也不断增加。1901 年到 2018 年，中国地表年平均气温呈显著上升趋势，近 20 年是 20 世纪初以来的最暖时期，2018 年中国属异常偏暖年份。1951 年到 2018 年，中国年平均气温每 10 年升高 0.24℃，升温率明显高于同期全球平均水平。[1]

1870—2018 年，全球平均海表温度表现为显著升高趋势。2018 年，全球大部分海域海表温度较常年值偏高，全球平均海表温度为 1870 年以来的第四高值；全球海洋热含量（上层 2000 米）超过 2017 年创下的纪录，2018 年成为有现代海洋观测记录以来海洋最暖的年份。1980—2017 年，中国沿海海平面呈波动上升趋势，上升速率为 3.3 毫米 / 年，高于同期全球平均水平。[2] 伴随中国地表气温和沿海海平面的上升，中国境内的气候风险总体也呈升高趋势，且阶段性变化特征较为明显。1961—2018 年，中国极端强降水事件呈增多趋势，极端低温事件显著减少，极端高温事件在 20 世纪 90 年代中期以来明显增多。1961—2018 年，中国气候风险指数总体呈升高趋势，阶段性变化明显，20 世纪 70 年代末以来波动上升。1991—2018 年中国平均气候风险指数较 1961—1990 年平均值增加了 54%。[3] 中国当前的发展阶段、技术水平、资源环境等国情现状决定了中国在气候问题上的高度脆弱性和敏感性。为防止气候变化可能带来的不可逆转的毁灭性影响，中国有必要采取"无悔"政策以加大应对气候变化的力度和程度。

国际气候制度在中国的内化与中国参与国际气候谈判的立场态度是一个

---

[1]　《中国气候变化蓝皮书（2019）发布气候系统变暖趋势进一步持续》，国家气候中心，2019 年 4 月 2 日，见 http://www.tanjiaoyi.com/article-26490-1.html。

[2]　《中国气候变化蓝皮书（2019）发布气候系统变暖趋势进一步持续》，国家气候中心，2019 年 4 月 2 日，见 http://www.tanjiaoyi.com/article-26490-1.html。

[3]　《中国气候变化蓝皮书（2019）发布气候系统变暖趋势进一步持续》，国家气候中心，2019 年 4 月 2 日，见 http://www.tanjiaoyi.com/article-26490-1.html。

硬币的两面，都是中国基于当时国际国内环境作出的符合中国国家利益的战略选择。基于利益认知、制度压力以及生态损益等维度上的原因，中国除了积极参与国际气候谈判以外，还在国内积极推动国际制度内化，这一方面是为了更好地参与国际气候谈判，在国际气候制度建构中有所作为，另一方面也是为了积极履约国际气候制度框架下的义务和责任，同时促进以美丽中国为目标的生态文明建设。当然，从实质上来看，制度压力和生态损益也是利益认知的内容，但三方的侧重点存在很大差异，便于分析的需要，笔者从上述三个维度探讨了国际气候制度在中国内化的动力。

第三节　国际气候制度在中国内化的影响

国际气候制度在中国内化产生的影响是多层面、宽领域的，既有宏观理念层面的变化，又有中观治理方式的调整，更有微观低碳行为理念的树立及践行。

一、生态理念的变化

自人类社会产生以来，人对自然社会的认知经历了由恐惧到征服、再由征服到遵循的发展过程，体现着不同时期人类对自然改造的能力和程度。作为自然界中最强大的一个物种，人类以自身的实力和创造力将一个"自在自然"变成了"人为自然"。自产业革命以来，在"人类中心论"哲学观和"人定胜天"宇宙观的指导下，人类开始向大自然宣战，向其无尽地索取和倾泻，并将其作为人类可以任意驾驭和驯服的对象。人是自然的主人是工业时代整个西方世界的信条，是卡迪尔、培根和牛顿留给我们的哲学遗产。马克思早在140多年前就指出："文明如果是自发的发展，而不是自觉的发展，则留给自己的是荒漠。"恩格斯也说："我们每走一步都要记住：我们决不像征服者统治异族人那样支配自然界，不像站在自然界之外的人似的去支配自然界——相反，我们连同我们的肉、血和头脑都是属于自然界和存在于自然界之中的。"① 气候问题正是"人类中心、人定胜天"的哲学理念在环境或气候领域直观反映带来的后果，人类对生态系统的干扰和破坏超过了其自然恢复和重构的能力，人类活动对自然环境的负外部性超出了其自身的容纳和净化能力。在当今的技术水平条件下，地球仍是人类赖以生存和繁衍的唯一家园，规范人类的排放行为，控制人类温室气体排放，是国际社会应对气候变化问题的具体操控出路，但从生态理念上彻底抛弃"人类中心"和"人定胜天"的传统价值理念才是应对之根本。

20 世纪 70 年代以前，环境保护概念并未进入中国的主流意识形态领域。在"人类中心论"和"人定胜天"哲学观的指导下，当时的中国人正积极践行"与天斗，其乐无穷；与地斗，其乐无穷"的价值理念。20 世纪 70年代以后，通过参加一系列国际环境气候会议，中国人开始接受，资源有限史观，从哲学层面重新审视人与大自然的关系意识到人类的需求不能超越地球生态系统的承载能力，包括人在内的所有存在物的性质，是由它与其他存在物以及与自然整体的关系决定的。② 1992 年，世界环境与发展大会在里约热内卢召开，提出了可持续发展理论，主张在可持续发展框架下应对气候问题。中国顺应这一历史潮流，将可持续发展定为基本国策，使中国的生态环境保护在 90 年代中期以后深深体现了可持续发展的价值取向。③ 2003年，国家环保总局副局长潘岳在"绿色中国"首届论坛上又把人与环境的关系提升到一个更高的哲学层面，提出要发展具有中国特色社会主义环境文化——"环境文化是人类的新文化运动，是人类思想观念领域的深刻变

---

① 《马克思恩格斯文集》第 9 卷，人民出版社 2009 年版，第 560 页。
② 曲格平：《从斯德哥尔摩到约翰内斯堡的发展道路》，《中国环保产业》2002 年第 12 期。
③ 吴晓军：《改革开放后中国生态环境保护历史评析》，《甘肃社会科学》2004 年第 1 期。

革，是对传统工业文明的反思和超越，是在更高层次上对自然法则的尊重与回归。"①2007 年 10 月，党的十七大把生态文明首次写入了政治报告中，将建设资源节约型、环境友好型社会写入党章。2012 年党的十八大报告从新的历史起点出发，将生态文明建设纳入"五位一体"总体布局，并从社会主义现代化建设和中华民族伟大复兴中国梦的角度来看待生态文明建设问题。2017 年党的十九大报告用专门章节深入全面地阐述了习近平生态文明思想，明确提出美丽中国的建设目标，加强了对生态文明建设的总体设计和组织领导。所有这些都标志着环境保护作为中国的基本国策和全党意志进入了国家政治经济社会生活的主干线、主战场和大舞台，显示了党和国家对人与自然关系哲学理念的进一步升华。

从"人类中心""人定胜天"的哲学理念到"资源有限论"、可持续发展观，再到习近平生态文明思想，中国用短短几十年的时间就完成了西方发达国家对自然界长达 200 多年的认识历程。中国生态理念的发展演变除了受国内经济社会发展与资源环境压力剧增的"逼迫"外，与同期国际社会举行的一系列环境气候会议以及在此基础上建构的国际气候制度的内化密切相关。

二、环境治理方式的调整

在参与国际气候谈判之前的很长一段时间内，中国对气候问题和环境问题的认知缺乏整体性和系统性。中国简单地认为气候问题就是环境问题之一，而环境问题也主要是指工业"三废"造成的污染，是独立于发展的单一议题。通过参与相关气候环境会议，中国政府逐步意识到环境问题的非孤立性和非局部性，它是人类社会的一种公害，环境保护工作不仅要治理"三

---

① 潘岳：《环境文化与民族复兴》，2005 年 6 月 28 日，见 http://env.people.com.cn/GB/8220/50110/3502857.html。

废"，防治污染，而且要保护自然环境和自然资源，维持生态平衡。中国开始将环境污染与环境破坏放到同等重要的位置，这是中国对环境问题认知的重大变化和进步。但这一时期作为基本国策的环境治理，整体上仅仅落实在技术治理层面，是一种环境保护的技术治理路线。[①]

20世纪80年代末到90年代，可持续发展理念作为一种整合环境和经济的发展方式开始得到中国政府的认可和践行，中国政府强调从环境和经济协调发展的角度来应对环境问题，这实质上"是一种侧重于环境经济管理层面的环保路线"[②]。但在高速增长的市场发展浪潮中，中国政府和企业对GDP的追逐超过对环境问题的关注，环境经济治理路线很难从整体上获得实现。

进入21世纪以后，由国际气候制度治理衍生出的低碳经济作为一种整合气候治理和能源安全的新兴经济形态，开始引领世界经济发展的潮流。2003年10月14日，党的十六届三中全会通过的《中共中央关于完善社会主义市场经济体制若干问题的决定》中明确提出："坚持以人为本，树立全面、协调、可持续的发展观，促进经济社会和人的全面发展。"这是党中央首次明确提出关于科学发展观的概念。2010年4月10日，习近平总书记在博鳌亚洲论坛年会开幕式上的演讲中强调，绿色发展和可持续发展是当今世界的时代潮流，中国要努力转变发展方式，实现绿色发展。[③]2011年11月9日，习近平总书记在妇女与可持续发展国际论坛开幕式上的致辞强调，"坚定不移走科学发展道路，坚持以科学发展为主题，以加快转变经济发展方式为主线，更加注重以人为本，更加注重全面协调可持续发展，更加注重统筹兼顾。"[④]2013年7月18日，习近平总书记在致生态文明贵阳国际论坛2013

---

① 李景平：《环境政治：中国环境保护新走势》，《忻州日报》2008年11月6日。

② 李景平：《环境政治：中国环境保护新走势》，《忻州日报》2008年11月6日。

③ 《习近平在博鳌亚洲论坛2010年年会开幕式上的演讲》，《人民日报》2010年4月11日。

④ 《习近平：在妇女与可持续发展国际论坛开幕式上致辞》，2011年11月9日，见http://www.chinanews.com/gn/2011/11-09/3449752_2.shtml。

年年会的贺信中进一步将生态文明建设提升到了中国梦和中华民族复兴的高度，明确提出"走向生态文明新时代，建设美丽中国，是实现中华民族伟大复兴的中国梦的重要内容"。

这个时期，中国对环境问题的治理开始跳出经济管理或经济发展的单纯的生产力视角，开始从生产力与生产关系矛盾引发的社会变革的高度，来阐述生态环境问题关涉到中国社会现代化和中华民族永续发展的出路问题。中国开始认识到 21 世纪的发展问题已突破了传统的发展内涵，指涉人口、资源与环境问题的平等、整体和协调性的综合发展。在这一趋势下，中国开始将环境气候治理提升到更高的政治层面，美丽中国目标的提出和习近平生态文明思想的确立无疑都表明了环境保护已经上升到了高度政治化的层面，环境治理开始进入一种环境政治治理路线的新时代。① 与此相对应，中国对环境问题的治理也开始由单向治理发展为综合治理，由局部治理发展为系统控制，由事后治理发展为防治结合，以防为主。

三、低碳理念的践行

生态理念和环境治理方式的变化无疑会带来低碳行为方式的变化。传统的消费行为是以满足个人需求为主要目的，而忽视消费行为背后隐含的社会后果和生态后果，这也是传统的生态理念和环境治理方式在消费层面的直观反映和表现。随着气候内涵的复杂化和治理层面的扩展，以气候规制为核心的一系列国际环境制度正日益冲击着人类的生产方式、生活方式和思维方式，从而预示着人类历史上崭新消费理念的到来。这场革命是历史发展的必然产物，通过这场伟大的革命，人类将重新审视自己的行为，摒弃以牺牲环境为代价的黄色文明和黑色文明，建立一个人与大自然和谐相处的绿色文

---

① 李景平：《环境政治：中国环境保护新走势》，《忻州日报》2008 年 11 月 6 日。

明。①联合国环境署执行主任托儿巴博士最近指出："冷战结束，环境问题一跃而名列世界政治议程的榜首。国际社会认识到：环境问题对人类来说，是一个生存的问题，而不是一个选择的问题。""只有一个地球"是1972年斯德哥尔摩人类环境会议发出的呼声②，同时也是对人类树立新的生活方式的诉求和呼吁。为了践行人与自然和谐共处的生态理念和可持续的发展理念，人类社会必须确立与之相适应的生活方式。绿色消费观是一种人与自然和谐相处的消费观，不仅强调消费的主观服务性，而且强调消费行为与再生产行为以及环境承受的动态平衡，有利于人类与自然的协调发展，是可持续发展观在消费领域的具体要求和表现。在日常生活上，人们也逐步把环境保护作为自己的生活准则，节约使用能源和水源，将生活垃圾分类包装，在公共场合不吸烟，生活消费品尽量选用可回收利用的新产品或者对环境无害产品。所有这些都表明，人类的这场变革是如此广泛和深刻，它涉及地球上每一个国家、每一个社会、每一个家庭、每一个人。它对传统观念、传统模式的挑战，不亚于一场哥白尼式的革命。

2007年，科技部向全社会公布了《全民节能减排手册》，就百姓生活中衣、食、住、行、用等6个方面的36项日常行为进行量化。2009年，"酷中国 COOL CHINA——全民低碳行动试点项目"在北京启动，主题为"全民齐行动，减缓碳排放"。2009年5月，世博绿色出行活动如火如荼地开展，穿越了"长三角"6个城市，78家行业协会和企业承诺员工绿色出行上下班，172所学校的近两万名学生和家长填写了"绿色出行承诺书"，124个社区开展了各具特色的绿色出行倡导活动，已认建"世博绿色出行林"5000平方米。③2010年3月，北京日报等单位主办了"绿色北京·低碳出行"大

---

①　曲格平：《我们需要一场变革》，吉林人民出版社1997年版，第189页。

②　曲格平：《我们需要一场变革》，吉林人民出版社1997年版，第111页。

③　《中国应对气候变化的政策与行动2010年度报告》，国家发展和改革委员会，2010年11月，见 http://www.doc88.com/p-992239752116.html。

型环保倡议活动。同年 8 月，中国新闻社在北京王府井步行街举办了"低碳发展，低碳生活"公益影像展，通过 180 余幅精彩照片，展现了中国低碳发展的绿色画卷。2014 年 10 月 29 日，大型系列主题公益活动"绿色中国行"又添新内容，以"拼车出行，用低碳换植树"为主题的崭新公益活动和第八届中国"绿色宝贝"评选活动同时在北京广播大厦内启动。2018 年，国家信息中心、国家气候战略中心、中国民促会绿色出行基金联合举办"2018年低碳中国行"活动，宣传地方优秀低碳发展案例，加强社会各界对低碳发展的认识，推动公众参与应对气候变化行动。中国气象局公共气象服务中心联合国家信息中心等机构开展"应对气候变化·记录中国——走进伊犁"科学考察与公众科普活动，从科学角度见证气候变化，面向公众宣传应对气候变化。中国绿色碳汇基金会举办第八届"绿化祖国·低碳行动"植树节公益活动，以碳汇造林的创新方式，推动全民义务参与气候变化行动。在 2018年美国加州举行的全球气候行动峰会上，老牛基金会等十家公益组织、基金会、研究机构联合发起"气候变化全球行动"倡议。深圳标新科普研究院举办第三届中国（深圳）国际气候影视大会，全球征集影视作品，提升公众气候变化意识。自然之友创办低碳展馆，引导公众关注低碳发展。①

　　简单地说，国际气候制度的内化实质上就是国际气候制度治理效果的体现。从一般层面上来看，国际制度的有效性是用以衡量社会制度在多大程度上塑造或影响国际行为的一种尺度 ②，即国际制度的有效性将在多大程度上引起参与者行为、利益追求以及各方之间的互动关系的变化，以及制度参与者将在多大程度上遵守国际制度的约束。从这个层面来看，国际气候制度在中国内化的表现和国际气候制度在中国内化对中国产生的影响都是国际气候

---

　　① 《中国应对气候变化的政策与行动 2018 年度报告》，生态环境部，2018 年 11 月，见 http://hbj.als.gov.cn/hjgw/201812/W020181205332113744636.pdf。

　　② ［美］詹姆斯 N．罗西瑙主编：《没有政府的治理》，张胜军等译，江西人民出版社 2001 年版，第 187 页。

制度治理效果的具体体现，标志着中国日益成为国际气候治理的参与者、贡献者和引领者。当然，中国在这些层面的变化并非主要取决于国际气候制度治理这一单一外在因素，也难以辨明在多大程度上源于国际气候制度内化的结果，因为"任何来自外部的推动都必须是互惠性的或相互学习性的，而不是单向度输入性的"①。但不容否认的是，国际气候治理制度的约束性效果已经在我国公众的一般性生活理念和行为上都产生了影响，也内化成了我国广大公众的行为方式，正在对我国的经济社会发展产生着深刻的影响，一种绿色的消费理念和方式、一种绿色的出行理念和方式，进而一种绿色的经济社会发展理念和方式已经悄然成为我国社会的发展理念和方式。就此而言，从内化的视角探讨国际气候制度的治理效力及中国在此过程中的角色，以及这种角色影响下的作为，具有较强的说服力，且意义重大。

---

① 郇庆治：《中国的全球气候治理参与及其演进：一种理论阐释》，《河南师范大学学报（哲学社会科学版）》2017 年第 4 期。

第五章 后巴黎时代国际气候制度的新变化
与中国的战略选择

  《巴黎协定》为后巴黎时代气候治理奠定了一个以自下而上和全球盘点为核心特征的治理新模式，虽然在2℃温控目标和基础减排原则方面与京都时期保持了基本的一致，但在减排对象、减排方式等方面却表现出明显的差异性，标志着国际气候治理进入了一个全新的3.0时代。正当国际社会铆足干劲为继续推动国际气候治理巴黎进程向着既定目标积极前进的关键时期，美国特朗普政府宣布退出《巴黎协定》成为后巴黎时代国际气候制度发展演变过程中的重要"事故"。众所周知，国际气候制度的形成很大程度上是欧盟、美国和中国三方互动和协调的结果，这种互动与协调客观上构成了后巴黎时代国际气候治理的结构性特征，是维系和促使后巴黎时代国际气候治理结构稳定与变化的核心要素。作为世界上政治影响力最强大的国家，美国宣布退出《巴黎协定》无疑对后续国际气候制度建构及履约产生非常具体和深远的影响，这也成为后续中国参与国际气候制度治理的背景条件。

第一节 美国退出《巴黎协定》对国际气候制度
治理的影响

  2017年6月1日，美国总统特朗普正式宣布退出《巴黎协定》（以下简称美国退约），8月4日，又通过书面文件向联合国正式确认退出。美国退约引起国际社会的强烈反应，受到了广泛的批评和谴责。事实上，在正式宣布退约之前，特朗普就已经在国内开始了大规模的"去气候化"政策。

一、美国"去气候化"政策

早在2017年3月，《美国优先：一份让美国伟大复兴的预算蓝图》的公布和《推动能源独立和经济增长的总统行政命令》的签署，意味着特朗普政府"去气候化"政策的正式实施。一方面，特朗普政府大幅削减气候政策、科研相关的预算，其中削减环境保护署的年度预算超过26亿美元，比上年减少31%；取缔先进能源研究计划署（ARPA-E）；取消一系列技术创新项目，如创新技术贷款担保项目和先进技术汽车制造项目等；停止向绿色气候资金（GCF）提供资助。[1] 另一方面，取消或废除气候相关的政策法规和部门机构，具体包括废除奥巴马时期的4项总统行政命令，[2] 启动对《清洁电力计划》及相关条款和机构行动进行审查，解散由白宫经济顾问委员会与管理预算办公室召集的温室气体社会成本机构间工作组（IWG），并召回其发布的相关文件等。[3]

2017年10月10日，美国环保署长斯科特·普鲁伊特签署文件，正式宣布废除奥巴马政府推出的《清洁电力计划》。普鲁伊特认为，"'清洁电力计划'的目标是在未来几十年里大幅减少燃煤电力部门的碳排放，它超

---

[1] The White House, "America first: a budget blueprint to make America great again", Washington DC, The White House Office of Management and Budget, 2017.

[2] 即《为应对气候变化的影响做准备》（2013年11月1日）、《电力行业碳污染标准》（2013年6月25日）、《减轻发展对自然资源的影响并鼓励相关私人投资》（2015年11月3日）以及《气候变化和国家安全》（2016年9月21日）。

[3] The White House, "Presidential Executive Order on Promoting Energy Independence and Economic Growth", *Energy & Environment*, March 28, 2017.

出了美国环保署的权限，与《清洁空气法》（Clean Air Act）不一致"，"废除该计划将节省数百亿美元纳税人的钱，同时还能促进美国能源产业的发展。"①"清洁电力计划"是 2015 年由时任美国环保署长吉娜·麦卡锡推出，是奥巴马政府气候政策的核心，要求美国发电厂到 2030 年在 2005 年的基础上减排 32%。针对特朗普政府的"去气候化"政策行为，麦卡锡在一份声明中回应说，废除"清洁电力计划"，同时没有任何时间表或承诺提出新规定减少碳排放，这是气候政策的"全面倒退"。② 除此之外，特朗普政府在北美沿海地区建设输油管道（the Keystone XL and Dakota Access pipelines）和数十个油气出口设施；削减美国环保署、美国国家海洋和大气管理局（NOAA）和美国国家航空航天局（NASA）等部门气候研究的资金；废除了奥巴马政府禁止在阿拉斯加北极地区钻探的禁令，以及限制从油井和管道泄漏甲烷的规定，等等。③

鉴于强大的国际政治经济影响力，美国退约及"去气候化"政策在世界上引起了强烈的反应，尽管国际社会对此已有心理预期，但面对美国退约及"去气候化"政策对巴黎进程可能带来的负面影响仍充满疑虑和担心。

二、美国退约对《巴黎协定》履约的影响

作为全球第一大经济体和第二大温室气体排放大国，美国退约并在国内采取了一系列"去气候化"政策，无疑对《巴黎协定》的后续细则谈判和实

---

① Joe Perticone, "A reckless and Dangerous Decision: The EPA Has Begun Rolling Back One of Obama's Key Energy Initiatives", Oct. 10, 2017, http://www.businessinsider.com/epa-scott-pruitt-rollback-obama-clean-power-plan-2017-10.

② 《特朗普政府正式宣布废除〈清洁电力计划〉》，2017 年 10 月 11 日，见 http://news.xinhuanet.com/world/2017-10/11/c_1121786263.htm。

③ Anthony E. Ladd, et al., "Shale Energy Development, and Climate Inaction: A New Landscape of Risk in the Trump Era", *Human Ecology Review*, Volume 23, No. 1, 2017, pp. 65-79.

施产生非常负面的影响。

1. 美国退约导致温室气体减排缺口进一步增大

根据美国奥巴马政府提供的国家自主贡献目标（INDC），2025 年美国温室气体排放量将在 2005 年基础上减少 26%—28%，尽量实现 28% 的减排目标。如果 2025—2030 年间保持 2020—2025 年间减排速率的国家自主贡献目标情景下，2030 年美国的温室气体排放有可能保持在 41.1—43.4 亿吨碳当量，相当于在 2005 年的基础上下降 34.0%—37.5%，但特朗普政府退约将有可能导致美国 2030 年温室气体排放上升 16.4（12.5—20.1）亿吨碳当量，这将会在 2℃温升目标所需减排量的基础上额外增加 8.3%—13.4% 的新差距。[①]

2. 美国退约导致气候治理资金缺口进一步增大

根据特朗普政府 2018 年度财政预算，清洁能源及技术等领域的经费被大幅削减。美国能源部的经费预算额度为 280.42 亿美元，相比 2016 年经费开支减少了 16 亿美元（占比 5.4%），其中负责能效与可再生能源办公室经费额度削减了 55.7%，碳捕捉与封存经费额度削减为 69.5%，天然气技术经费额度削减 87.2%，非常规油气开采经费额度削减 26.2%。[②] 在国际层面，美国退约将导致对发展中国家气候援助基金方面的投入大大减少。根据绿色气候基金（GCF）初始资源动员（IRM）承诺情况，美国承担的经费额度为 30 亿美元。[③] 到目前为止，美国只支付了 10 亿美元，剩余 20 亿美元未予注资。就长期气候资金（LTF）来看，到 2020 年，发达国家提供的公共资金额度应达到 668 亿美元，其中由发达国家通过双边、区域和其他途径提供的

---

① 傅莎等：《美国宣布退出〈巴黎协定〉后全球气候减缓、资金和治理差距分析》，《气候变化研究进展》2017 年第 5 期。

② Office of Chief Financial Officer, "Department of Energy FY 2018 Congressional Budget Request", DOE/CF-0134, pp.1-5.

③ GCF, "Status of Pledges and Contributions made to the Green Climate Fund", https://www.greenclimate.fund/documents/20182/24868/Status_of_Pledges.pdf/eef538d3-2987-4659-8c7c-5566ed6afd19.

资金应达到 373 亿美元,相比 2014 年资金规模目前仍有 134 亿美元的缺口,特朗普政府退约预计会使得这一缺口扩大 17.4%。①

3. 美国退约对全球气候科学研究产生重大消极影响

美国雄厚的经济科技实力使其在全球气候科学研究方面居于世界领导位置。美国学者发表的气候相关文章的数量、文章被引用转载的数量以及在世界高水平权威期刊上刊发文章的数量都居世界主导性位置。截至 2015 年,在全球引用率最高的 100 篇文章中,美国占了 74%;在全球已发表的有关气候变化的 113918 篇文章中,有 39929 篇来自美国,占比 35.1%,居世界第一;在 2010—2016 年间,在全球七大主要科学期刊发表的有关气候变化的 4089 篇文章中,美国科学家贡献了 2247 篇,占比 55%。② 美国在全球气候科研中的主导地位决定了美国科研经费的减少会直接削弱全球气候科研的能力和水平。

4. 美国退约损害了《巴黎协定》的普遍性

在《京都议定书》第一期履约效果不尽如人意,第二履约期进程难以为继的情况下,国际社会开始通过气候谈判来调试气候治理的未来方向。2015 年,包括发达国家和发展中国家在内的国际社会 2020 年以后共同应对气候变化的总体制度性安排和新的气候秩序的《巴黎协定》登上历史舞台。作为国际社会第二份具有法律约束力的气候减排协议,《巴黎协定》具有不同于《京都议定书》的减排模式和特点。《京都议定书》主要依赖自上而下的治理模式,《巴黎协定》以自下而上的治理模式为主,同时兼有自上而下治理成分的混合型治理机制(hybrid climate governance structure),③ 开启了全球气

---

① 傅莎等:《美国宣布退出〈巴黎协定〉后全球气候减缓、资金和治理差距分析》,《气候变化研究进展》2017 年第 5 期。

② Yong-Xiang Zhang, et al., "The Withdrawal of the U.S. from the Paris Agreement and Its Impact on Global Climate Change Governance", *Advances in Climate Change Research*, Vol.8, Iss.4, 2017, p.217.

③ Daniel Bodansky, Seth Hoedl, et al., "Facilitating Linkage of Climate Policies through the Paris Outcome", *Climate Policy*, Vol.16, No.8, (2016). pp.956-972.

候治理的新时代。为了最大限度地赢得国家参与和支持，《巴黎协定》事实上放弃了《京都议定书》所遵循的"发达国家"和"发展中国家"两分法的格局，虽然仍然秉承"共同但有区别责任原则"，但是重心已然不像《京都议定书》那样强调发达国家的强制减排义务，而更多地强调世界各国按照各自能力和自愿原则进行国家自主贡献减排模式。尽管"共同但有区别的责任原则"仍然出现在《巴黎协定》的文本中，但是后半部分"依据各自能力"已然成了更为重要的参照原则。在《巴黎协定》框架下，发达国家与发展中国家的"有区别的责任"主要体现在发达国家对发展中国家的资金和技术援助方面，在减排目标上已经不再区分。①《巴黎协定》吸引了 196 个《公约》缔约方中的 186 个成员国提交国家自主贡献目标，相当于覆盖全球 96% 的温室排放量，因而被认为是气候变化谈判在经历了哥本哈根气候变化大会低潮与挫折之后的一次伟大胜利。相比《京都议定书》，《巴黎协定》的优势就是参与的广泛性和普遍性。伴随美国退约，占世界 15%② 的二氧化碳排放大国游离于国际气候治理之外，这无疑在很大程度上损害了《巴黎协定》实施的合理性和普遍性基础。

三、美国退约不会逆转国际气候制度进一步建构与完善的趋势

美国退约无疑会增加《巴黎协定》履约及后续谈判的难度，但从美国宣布退约近两年国际社会的反应和巴黎进程的持续推进（尽管艰难）来看，国际气候治理的巴黎进程不会因此而发生根本逆转，国际气候制度建设的进程也不会因此而停滞，国际气候制度在其他缔约方的积极推动下正在进一步发

---

① 何晶晶：《从〈京都议定书〉到〈巴黎协定〉：开启新的气候变化治理时代》，《国际法研究》2016 年第 3 期，第 77—78 页。

② 谢伏瞻、刘雅鸣等：《应对气候变化报告 2018》，社会科学文献出版社 2018 年版，第 334—336 页。

展和完善。

一方面，美国宣布退约以来，《公约》缔约方国家还没有出现追随美国的退约行为，反而对美国进行强烈批评和谴责。欧盟及其成员国对美国退约的单边决定深表遗憾，强调《巴黎协定》不能重新谈判，世界可以继续依赖欧盟在应对气候变化的全球战斗中发挥领导作用。[①] 包括中国在内的"基础四国"展示了坚持履行《巴黎协定》的责任担当，承诺与其他缔约方一道确保全面有效持续实施《巴黎协定》。[②] 即便长期在国际气候治理进程中扮演消极角色的伞形集团国家也对美国退约提出了批评，暂时没有国家明确表示要跟随美国退出《巴黎协定》。

另一方面，《巴黎协定》以"国家自主贡献"为核心的"自下而上"的治理模式使巴黎进程表现出强劲的韧性和稳定性。2017 年波恩气候大会（斐济主办）通过的决议明确宣布，国际社会要在 2018 年年底完成《巴黎协定》后续实施细则的谈判，确保《巴黎协定》的顺利实施。2018 年 12月 15 日，波兰卡托维兹气候大会落下帷幕，参会的近 200 个缔约方经过艰苦卓绝的谈判，达成并通过了 156 页的《巴黎协定》实施细则，为新的气候行动奠定了基础。在离《巴黎协定》成功签署三年、特朗普政府宣布退出《巴黎协定》近两年之际，卡托维兹气候大会的成功再次凸显了《巴黎协定》这份坚实的气候行动路线图的弹性和韧性，并以实际行动向世人展示了国际社会维护《巴黎协定》、推动巴黎进程的决心和能力，很大程度上表明没有美国的气候治理在继续向前发展。《巴黎协定》实施细则的基本完成也预示着国际气候制度在没有美国支持的情况下依然能够继续建构和完善。

---

① Council of the EU, "Council Conclusions on Climate Change Following the United States Administration's Decision to Withdraw from the Paris Agreement", Press Release 358/17, 19/06/2017.

② 《第二十六次"基础四国"气候变化部长级会议在南非德班举行》，2018 年 5 月 29 日，见 http://www.zhb.gov.cn/gkml/sthjbgw/qt/201805/t20180529_441752.htm。

同时，《巴黎协定》作为一个国际法律文件，从执行层面上讲，似乎不存在"存"或"废"的问题，从这一意义上讲，巴黎进程也不可能逆转。[①]正如有学者指出的，美国退约不仅不会逆转气候治理进程，反而会减少因美国存在而带来的障碍。[②]

第二节　后巴黎时代国际气候制度的新变化及特征

2015 年 12 月《巴黎协定》的达成及其快速生效是国际气候治理进程中的里程碑事件，标志着气候治理进入了以"自下而上"为核心特征的治理新阶段。与京都时期相比，《巴黎协定》在减排主体、减排方式方面出现了一些新的变化，加上美国退约后国际气候政治局势的发展演化，后巴黎时代的国际气候制度出现了一些新的变化和特征。

一、《巴黎协定》与国际气候制度的新变化

《京都议定书》实施受挫后，各缔约方在一些关键问题上一直存在巨大分歧，国际气候治理制度建设踌躇不前。2009 年，哥本哈根气候大会未能达成具有约束力的后京都国际气候减排协议又给应对气候变化多边进程蒙上了阴影。但是，国际社会应对气候变化的意志没有受到根本动摇。2011 年，在欧盟和发展中国家的共同努力下，南非德班气候会议通过的"德班平台"使国际社会重拾了建构新的国际气候制度的信心。2015 年，在德班平台授权启动近 4 年之后，196 个缔约方终于在法国巴黎达成了历史性的新协定，

---

① 潘家华：《负面冲击正向效应——美国总统特朗普宣布退出〈巴黎协定〉的影响分析》，《中国科学院院刊》2017 年第 9 期。

② Kemp, L., "Better Out Than In", *Nature Climate Change*, Vol.7, 2017, pp.458-460.

这成为多边主义一次教科书式的胜利。①《巴黎协定》遵循了《公约》的基本原则，特别是共同但有区别的责任原则、公平原则和各自能力原则，是国际气候制度建设历史上第一个适用于所有缔约方的具有法律约束力的文件，并确立了以国家自主贡献为核心加上五年盘点和要求缔约方自主贡献力度持续加大的"棘轮机制"，这些都是对京都时代国际气候制度的重大突破。这些原则和新的治理制度体现在协定中有关适应、减缓、资金、技术、能力建设和透明度等各要素的条文之中。《巴黎协定》成功解决了气候治理体系建设中一些关键的遗留问题。就长期目标看，它进一步明确了将温升限制在低于工业革命前2℃并努力实现1.5℃的温控目标。从减排对象看，《巴黎协定》突破了《京都议定书》所遵循的发达国家和发展中国家两分法的划分标准以及与此相对应的国家责任区分的"二元"结构。《巴黎协定》对国家类型的划分不再有附件I和非附件I国家之分，从其条文来看，它把国家分成了发达国家和发展中国家两大类，但许多条款又特别强调最不发达国家和小岛屿发展中国家的特殊性，事实上是把国家类型分为三大类，即发达国家、新兴发展中国家、最不发达国家和小岛屿发展中国家，等等。在减排模式上，《巴黎协定》不再有自上而下的指令性全球减排份额在附件I国家间的按比例分摊，取而代之的是"国家自主贡献＋五年评审"，并要求所有缔约方"编制、通报并保持它计划实现的连续国家自主贡献"。这也意味着，气候治理正在从强制发达国家减排向发达国家和发展中国家"责任共担＋自愿减排"的混合模式转变，此种转变是各方协商妥协的产物。②

　　虽然《巴黎协定》"自下而上"的治理模式得到了各方的广泛认可，但在一定程度上也是以目标力度和严格程度的弱化为代价换取广泛参与的妥协

---

　　①　张晓华、祁悦：《后巴黎全球气候治理形势展望与中国的角色》，《中国能源》2016年第7期。

　　②　刘航、温宗国：《全球气候治理新趋势、新问题及国家低碳战略新部署》，《观察》2018年第1期，第51页。

方案。这是《巴黎协定》所确立的新的治理模式的主要缺陷。作为《巴黎协定》的核心内容之一，国家自主贡献体现了各国应对气候变化的行动承诺和决心，但由于并未制定统一的国家自主贡献文本规范，导致已提交的国家自主贡献文件形式和内容存在显著差异性，无法对《巴黎协定》确定的"全球平均气温升幅控制在2℃以内，并努力将气温升幅限制在1.5℃内"的目标提供有效支撑。《巴黎协定》及其相关文件指出，要实现全球温升不超过2℃的目标，全球温室气体排放当量到2030年要在2010年500亿吨的基础上下降到400亿吨。按照各国提交到《公约》秘书处的国家自主贡献的文件，到2030年全球温室气体排放量仍将达到550亿吨，存在约150亿吨的减排缺口，这是落实《巴黎协定》的巨大挑战。同时，《巴黎协定》在后续的谈判和落实中仍困难重重，如各国在减排的承诺形式、基准年以及目标年选择方面存在差异，增加温室气体总减排量计算的难度；温室气体减排的种类及核算方法存在差异；自下而上的减排模式缺乏明确约束力，相应的履约、核查、奖励、惩罚机制缺乏具体制度保障。[①] 虽然2018年《巴黎协定》实施细则的基本完成对上述问题的破解提供了强大的制度保障，但巨大的减排缺口和制度实施的赤字依然在短期内难以弥合，这需要进一步加强《巴黎协定》实施细则的完善和落实。

二、美国退约与国际气候制度的新变化

《巴黎协定》为后巴黎时代的气候治理奠定了一个以自下而上为核心特征的治理模式。这种治理模式的形成很大程度上是欧盟、美国和中国三方互动和协调的结果，这种互动与协调客观上构成了后巴黎时代国际气候制度治

①　刘航、温宗国：《全球气候治理新趋势、新问题及国家低碳战略新部署》，《观察》2018年第1期，第52页。

理的结构性特征，也是维系和促使后巴黎时代国际气候制度治理稳定与变化的核心要素。作为世界第一大经济体和第二大温室气体排放国，美国退约无疑已经并将继续给正处于演变中的后巴黎时代国际气候制度的完善和实施带来很大的冲击和影响，最根本的，美国退约给支撑和完善后巴黎时代国际气候制度的治理结构带来重人变化。这种结构性影响无疑不会对已经确立起来的后巴黎时代的国际气候制度带来颠覆性影响。正如前文的论述已经强调，美国退约不会从根本上逆转国际气候制度的进一步建构和完善，但是从《巴黎协定》实施和气候治理进一步完善的角度来看，由于美国的退出而带来的国际气候治理结构的变化无疑会对此产生重要影响，需要国际社会付出更大的精力和制度建构成本才能实现《巴黎协定》的预期目标。

（一）美国退约与国际气候制度领导结构的变化

美国退约对国际气候治理来说无疑是强大的"离心力"，对国际气候制度的领导结构至少产生以下两方面的影响：一方面，使本已供给不足的领导力赤字进一步加剧。《巴黎协定》的签署及其后来的快速生效很大程度上是中美欧合作领导的结果，美国退约表明这种"三方共处"合作领导不复存在，中美欧的整体合作性下降，竞争性加强，[①] 从而使得国际气候治理的领导赤字加剧。但另一方面，美国退约也为其他国家或国际组织发挥领导作用打开了"机会之窗"。美国宣布退约后，其他国家的立场表态和非国家行为体的积极参与已充分表明国际气候治理的进程不会逆转。在这种大趋势下，为了推动国际气候治理继续向前发展，中国和欧盟联合其他国家加强了在气候领域的互动与合作。2017 年 9 月和 2018 年 6 月，中国与欧盟联合加拿大先后发起两次气候行动部长级会议，推动了《巴黎协定》后续细则的谈判和实施，

---

① 薄燕：《全球气候治理中的中美欧三边关系：新变化与连续性》，《区域与全球发展》，2018 年第 2 期，第 79—93 页。

为气候治理的巴黎进程注入了更多的正能量。2018 年 7 月 16 日，在第二十次中欧领导人会晤发表的联合声明中强调，"双方重申应对气候变化的重要性，……致力于积极推动在卡托维兹《公约》第 24 次缔约方大会上为完成《巴黎协定》实施细则做出积极贡献，以确保充分有效落实《巴黎协定》"[①]，并专门签署《中欧领导人气候变化和清洁能源联合声明》，强调进一步制定政策切实落实各自的国家自主贡献（NDCs），积极引领清洁能源转型的重要性。[②] 卡托维兹气候大会（COP24）前，外交部长王毅与法国外长勒德里昂（Jean-Yves Le Drian）、联合国秘书长古特雷斯（António Guterres）在二十国集团峰会期间举行气候变化会议，发表新闻公报重申合作应对气候变化，促进可持续发展，支持卡托维兹大会如期达成《巴黎协定》实施细则。在波兰卡托维兹气候大会（COP24）上，欧盟委员会联合研究中心能源、交通与气候部主任皮特·泽曼斯基表示："中国在控制碳排放领域的成绩令世人瞩目，令人印象深刻。过去几年，欧盟与中国在治理气候变化问题上的合作日益增多，双方无论在技术还是制度方面都有互相借鉴的地方。相信欧中在能源环境领域的合作将使欧亚大陆的联系更加紧密。"[③] 上述中欧在气候领域的互动与合作充分表明双方加强战略合作共同推动巴黎进程的政治意愿，凸显后巴黎时代中欧合作引领国际气候治理的"双引擎"态势。

（二）美国退约与国际气候制度谈判结构的变化

《巴黎协定》虽然重申了共同但有区别的责任原则，但整个法律文本不再有附件 I 和非附件 I 国家名称上的区分，只有发达国家和发展中国家的区别。国际气候治理事实上形成了一个微妙的"三分法"，即发达国家、特别易受气

---

① 《第二十次中国欧盟领导人会晤联合声明》，新华网，2018 年 7 月 16 日。
② 《中欧领导人气候变化和清洁能源联合声明》，《人民日报》2018 年 7 月 17 日。
③ 《第六次全球气候变化智库论坛在波兰卡托维兹举行》，人民网－国际频道，2018 年12 月 13 日。

候变化不利影响的发展中国家（小岛屿国家和最不发达国家）和其余的发展中国家（主要是发展中大国）三股力量。[①] 在这种背景下，国际气候谈判中"南北界限"已经日益模糊的状态更加严重。美国退约后，欧盟、基础四国和伞形集团其他国家纷纷发声对美国提出批评，表现出继续积极履行《巴黎协定》的决心和勇气。但在后续谈判和实践中，发展中国家集团和伞形集团开始出现新的分化与重组。发展中国家集团的部分国家尤其是小岛屿国家和最不发达国家的立场更加接近欧盟，发展中国家集团力量进一步分散。伞形集团内部国家之间的分化与重组现象更加明显。加拿大通过中欧加气候行动部长会议机制及与中国、欧盟在相关领域的合作，成为巴黎进程的积极推动者。日本为了弥补核电站停运造成的电力缺口正大规模上马火电站，但在当前的技术背景下日本到 2030 年完成《巴黎协定》下国际承诺的前景不容乐观。日本在未来国际气候谈判中的立场有可能接近美国，但鉴于日本相对比较积极的环境政策，日本不大可能追随美国退出《巴黎协定》。澳大利亚由于近期国内政局的变动，其对《巴黎协定》的履约甚至是否继续留在《巴黎协定》内存在很大的不确定性。可见，美国宣布退约已经导致气候治理谈判结构进一步复杂化，促使《巴黎协定》本身隐含的发达国家、新兴经济体与小岛屿国家和最不发达国家的"新三元"谈判集团进一步分化与重组。

（三）美国退约与国际气候制度治理结构的变化

以《公约》、《京都议定书》和《巴黎协定》为核心的联合国框架下的制度体系是国际气候治理的主体，在气候治理中发挥基础性作用。与此同时，《公约》外的气候治理制度也在不断增加，主要包括主权国家间合作的双边机制、小多边机制，非国家行为体建构的多种合作倡议以及公共部门和

---

① 李慧明、李彦文：《共同但有区别的责任原则在〈巴黎协定〉中的演变及其影响》，《阅江学刊》2017 年第 5 期，第 34 页。

私有部门组成的跨国气候治理网络。《公约》内外气候治理制度的增加既表明气候治理领域出现了多种多样解决该问题的制度、机制或规范，同时也凸显了国际气候治理制度碎片化的状态和趋势。[①] 而美国宣布退约之后，使得本已就存在的国际气候治理制度碎片化的趋势进一步加剧。美国在气候治理中的"撤退"或"不合作"[②] 行为在某种程度上反映了《公约》框架下的气候治理制度的低效甚至无效，这实际上进一步激发了《公约》外气候治理制度的创建及其行动的积极性。2017 年，中欧加气候行动部长会议机制的确立，为推动《公约》下多边进程发挥重要的补充性和促进性作用。[③] 与此同时，2017 年 11 月，在德国波恩举行的《公约》缔约方会议（COP23）上，由英国和加拿大倡导，包括法国、芬兰等 20 多个国家组成的全球"助力淘汰煤炭联盟"（Powering Past Coal Alliance）宣布成立，意在推动加速发展清洁能源，淘汰传统煤炭的使用。[④]2018 年 3 月 11 日，国际太阳能联盟（International Solar Alliance）在新德里举行成立大会，43 个国家首脑和部长出席成立大会，共同承诺将为应对全球气候变化提供最高水平的清洁、可负担和可持续的能源。[⑤] 由此可见，美国退约刺激了《公约》外气候治理制度的进一步建立和发展，大大推动了后巴黎时代国际气候治理制度结构的调整和变化，使《公约》外气候治理制度的影响力进一步提升，而这无疑对后巴黎时代国际气候制度的进一步完善增加了新的变数和难度。

---

① 李慧明：《全球气候治理制度碎片化时代的国际领导及中国的战略选择》，《当代亚太》2015 年第 4 期，第 128—156 页。

② Johannes Urpelainen & Thijs Van de Graaf, "United States Non-cooperation and the Paris Agreement", Climate Policy, Vol.18, No.7, 2018, pp.839-851.

③ 《中、欧、加联合发起的第二次气候行动部长级会议在布鲁塞尔举行》，2018 年 6 月 12 日，国际在线，见 http://news.ifeng.com/a/20180621/58824665_0.shtml。

④ 《联合国气候变化大会波恩闭幕　全球助力淘汰煤炭联盟成立》，2017 年 11 月 17 日，联合国新闻，见 https://news.un.org/zh/story/2017/11/310452。

⑤ 《国际太阳能联盟在印度成立》，2018 年 3 月 14 日，见 http://www.cec.org.cn/guojidi-anli/2018-03-14/178581.html。

三、后巴黎时代国际气候制度治理的发展趋势

2018 年联合国卡托维兹气候大会的主题是"一起改变"（changing to-gether），东道国波兰总统对这一主题进行了两方面阐释，一方面强调解决气候问题亟须各国政府的精诚合作与共同行动；另一方面，呼吁国际社会应该对当前的多边主义气候治理机制怀有信心，对实现经济社会发展与环境保护的平衡抱有希望。卡托维兹气候大会的胜利标志着多边主义的胜利，证明多边机制是有效的。当前国际气候治理正处于非常关键的十字路口，由于美国特朗普政府的退约行动而引发的不确定性仍然没有"尘埃落定"，积极气候行动的力量与"去气候化"的力量正在进行着某种程度的较量，自私的国家利益与公共的人类社会共同利益也进行着激烈的冲突。但可以肯定的是，国际气候制度治理的发展趋势不会逆转，而且日益向着一种混合多边主义（hy-brid multilateralism）方向发展。这种混合多边主义主要表现在以下三点。

第一，气候治理"自上而下"的推动进程正在发生转变，非国家行为体正在后巴黎时代的国际气候制度建构中发挥越来越重要的作用。国际层面上原先主导气候治理进程的联合国系统、《公约》秘书处和国家层面的"（少数）精英"正在越来越主动接纳和包容来自地区、地方、城市、商业集团、投资者乃至广大消费者的（多数）普罗大众，越来越承认他们在国际气候治理中的重要作用和价值。

第二，国际气候治理进程本身也日益由一种单一的"自上而下"推动的方式向主要由"自下而上"推动（不是在"国家自主贡献"的意义上，而更多表现在非国家行为体的自愿行动上）与来自联合国、《公约》秘书处和国家的"自上而下"推动相结合的方式转变。

第三，原先主要通过《公约》及其系列议定书和协定为核心的联合国框架下的气候治理制度相对单一的气候治理方式，进一步向各种《公约》内外气候治理制度协同治理的方向发展，非国家行为体推动成立的各种治理制度

越来越成为以《公约》为核心的气候治理制度的重要补充和推动力量。

第三节　后巴黎时代中国在国际气候制度建构中的身份定位

一、全球最大的温室气体排放国

由于人口基数、高碳结构等方面的原因，中国的温室气体排放总量及增长速度近年来一直位居世界前列。2017 年，中国的二氧化碳排放量为 9232.6 百万吨二氧化碳当量，占世界总量的 27.61％，而同期美国的二氧化碳排放量为 5087.7 百万吨，占世界总量的 15.21％，欧盟二氧化碳排放量为 4152.2 百万吨，占世界总量的 12.41％，中国一国的二氧化碳排放量是欧美排放量的总和。[①] 而且，就能源结构来看，中国一次能源消费的高碳比例远远高于欧美发达国家。2017 年，中国一次能源消费总量为 3132.2 百万吨标准油，占世界能源消费总量的 23.18％，其中一次能源消费结构中，石油占比 19.42％，煤炭占比 60.42％。同期，美国的一次能源消费总量为 2234.9 百万吨标准油，占世界能源消费总量的 16.54％，其中，石油占比 40.87％，煤炭占比 14.86％；欧盟一次能源消费总量为 1969.5 百万吨标准油，占世界能源消费总量的 14.58％，其中，石油占比 37.13％，煤炭占比 15.05％。[②]

在这种背景下，近年来中国政府一贯高度重视应对气候变化，以积极建设性的态度推动构建公平合理、合作共赢的国际气候制度治理体系，并采取

[①]　谢伏瞻、刘雅鸣等：《应对气候变化报告 2018》，社会科学文献出版社 2018 年版，第 334—336 页。

[②]　谢伏瞻、刘雅鸣等：《应对气候变化报告 2018》，社会科学文献出版社 2018 年版，第 334—336 页。

了切实有力的政策措施强化应对气候变化的国内行动，并取得了较为显著的成果。2015年，中国提交《公约》秘书处预期国家自主贡献文件，承诺到2030年左右，使中国的二氧化碳排放达到峰值，并争取尽早实现。2030年国内生产总值二氧化碳排放在2005年基础上下降60%—65%，非化石能源占一次能源消费比重达到20%左右，森林蓄积量比2005年增加45亿立方米。到目前为止，中国是世界上提出二氧化碳排放峰值年目标的唯一发展中国家。2017年中国单位国内生产总值（GDP）二氧化碳排放（以下简称碳强度）比2005年下降约46%，已超过2020年碳排放强度下降40%—45%的目标，碳排放快速增长的局面得到初步扭转。① 从世界范围内来看，除非人类社会在低碳技术方面取得突破性进展，否则要实现由高碳基能源时代向低碳基能源时代的转变将会是一个缓慢的过程。虽然近年来由于中国在应对气候变化上的努力，中国的单位GDP的碳排放强度呈下降趋势，但随着工业化和城市化进程的加快，中国温室气体排放量在未来相当长一段时间内（至少在2030年二氧化碳排放峰值年之前）持续增长恐怕是难以改变的事实。在以减少温室气体排放为核心的国际气候治理制度框架下，中国温室气体排放量及巨大增长空间无疑使其处于国际气候谈判聚光灯的直观照射之下。

在国际气候制度建构历程的相当长一段时间内，中国的人均温室气体排放量低于欧美发达国家人均水平，甚至低于世界人均水平，因此，在国际气候谈判中强调人均排放是中国的一个重要策略。但随着中国人均温室气体排放量的增长，2006年超过世界平均水平，2013年超过欧盟人均水平（见图5-1），这种状况使中国在国际气候谈判中强调的人均排放策略将不再具有说服力。后巴黎时代，世界碳排放大国的身份恐怕才是中国在国际气候制度治理中最显著的标签。因此，在减排的道路上，中国已经没有退路，中国的任

---

① 《中国应对气候变化的政策与行动2018年度报告》，生态环境部，2018年11月，http://hbj.als.gov.cn/hjgw/201812/W020181205332113744636.pdf。

务不仅仅是完成国家自主贡献提出的目标，鉴于中国碳排放的现实状况，未来必须继续提高这个目标，进一步加大减排的力度，因为按照《巴黎协定》第4.3款的规定，各缔约方下一次的国家自主贡献目标设置，将按照不同的国情逐步增加，以此反映出该缔约方减排的力度与决心。①

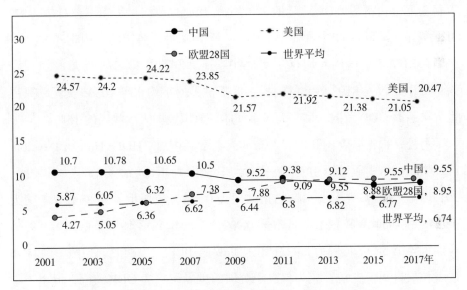

图 5-1　中美欧人均温室气体排放量及变化情况（单位：吨）

资料来源：Jos G.J. Olivier and Jeroen A.H.W. Peters, "Trends in Global CO$_2$ and Total Greenhouse Gas Emissions: 2018 Report", PBL Netherlands Environmental Assessment Agency The Hague, 2018, p.46.

二、世界上最大的发展中国家

世界上第一大能源消耗大国和第一大温室气体排放国，决定了中国在国际气候谈判及制度建构中的举足轻重的地位。不管中国愿意与否，中国

---

① 吕江：《〈巴黎协定〉：新的制度安排、不确定性及中国选择》，《国际观察》2016年第3期。

都会是并将继续是国际气候制度治理的"关键词"。但鉴于中国庞大的人口和复杂的国情，中国是世界上第二大 GDP 大国，同时又是最大的发展中国家，这种身份定位并不因中国经济实力（主要是 GDP）的显著提高而发生了根本性变化。从 GDP 总量来看，2017 年中国 GDP 达到 12.238 万亿美元，占世界 GDP 总量的 15.17%，是世界第二大 GDP 大国，仅次于美国 19.391 万亿美元，占世界 GDP 总量的 24.03%，远超过位居世界第三位日本 4.872 万亿美元，占世界 GDP 总量的 6.04%。[①] 但从世界各国的人均收入（GNI）来看，2017 年中国的人均收入是 8690 美元，居世界排名的第 70 位，只跨入世界中高收入 8192 美元的门槛，低于世界的平均水平 10366 美元，只占世界第一大 GDP 大国、第二大温室气体排放国美国人均收入的 15%。[②]

另外，根据联合国开发署发布的人类发展指数（HDI—Human Development Index）来看，中国的发展指标与其他国家相比仍然存在很大的差距。2017 年，中国人类发展指标的指数值为 0.752，位居世界第 86 位；美国为 0.924，位居世界第 13 位；日本为 0.909，位居世界第 19 位；德国为 0.936，位居世界第 5 位；英国为 0.922，位居世界第 14 位。[③] 可见，虽然中国 GDP 总量位居世界第二位，成为仅次于美国的世界第二大 GDP 大国，但由于中国人均收入以及人类发展指数等方面与世界发达国家相比存在巨大差距，所以，当前中国在国际社会中的身份定位仍然是发展中国家。正如党的十九大报告所强调指出的，我国处于并长期处于社会主义初级阶段的基本国情没有变，世界上最大发展中国家的国际地位没有变。

毫无疑问，中国仍然是世界上最大的发展中国家，但国际社会尤其是西

---

① 根据世界银行统计数据计算所得。

② 世界银行数据。转引自谢伏瞻、刘雅鸣等：《应对气候变化报告 2018》，社会科学文献出版社 2018 年版，第 322—327 页。

③ "Human Development Data（1990—2017）", in "Human Development Reprts", heep://hdr.undp.org/en/data, 转引自谢伏瞻、刘雅鸣等：《应对气候变化报告 2018》，社会科学文献出版社 2018 年版，第 309—315 页。

方国家对中国最大发展中国家的身份定位存在异议。中西双方对中国发展中国家身份定位存在差异的根本原因在于双方的关注点不同，即西方国家更多偏重中国 GDP 总量及其排名，而中国更多从自身发展实际出发，偏重人均收入及发展现状。因此，无论是在当前《巴黎协定》实施细则的落实阶段，还是在后续《巴黎协定》的进一步完善阶段，中国必须坚持自己发展中国家的身份，既看到发展变化的一面，承认自身总体实力的增强，在一定程度上继续加大减排力度，并在南南合作的框架下对气候更加脆弱的国家提供更大的支持和帮助。但同时也要坚守自身不变的一面，量力而行，不能承担超越自身国力的国际责任和义务，因为发展中国家的身份定位又决定了中国难以承担起国际社会寄予的更大责任期待。

三、应对气候变化国际合作的引领者

长期以来，中国在国际气候制度建构中的定位不是领导者，而是更多地扮演着一个务实、合作的参与者，承担世界和平的建设者、全球发展的贡献者、国际秩序的维护者角色。《巴黎协定》自下而上的履约模式决定了国家自主贡献的实施会更加分散，国际气候制度治理对领导力的需求会更加迫切和必要。加上《巴黎协定》签署及生效时期发挥领导作用的美国宣布退出《巴黎协定》，国际气候治理的领导赤字更加严重，国际社会对中国的期望不断增强。而且，国际社会也日益以"全球领导者"的身份看待中国，国外的政学界人士也常用"领导作用"来描绘中国。[1] 面对国际气候政治格局的发展变化，中国在后巴黎时代国际气候谈判及制度建构中的身份定位问题成为国际社会关注的焦点。那么，面对日益复杂的国际气候治理形势，中国到底应

---

① 傅莹：《全球的变革与中国的角色》，2017 年 3 月 10 日，见 http://lfinance.china.com/news/1117331612017O310/30316364_ 1.htm1。

该如何调整和定位自身在后巴黎时代国际气候治理中的身份？这也成为中国内政与外交面临的重大问题。2017年10月，习近平总书记在党的十九大报告中明确提出，中国要积极引导应对气候变化国际合作，成为全球生态文明建设的重要参与者、贡献者、引领者，这奠定了中国在后巴黎时代积极参与国际气候治理促进气候治理体系建设和改革的角色基调。在这种背景下，中国一方面坚守自身的最大发展中国家身份，客观承认自身的世界温室气体排放大国的身份；另一方面，也要适时调整自己的气候政策，在国际气候治理中发挥更加"积极有为"的作用，适度担当应对气候变化国际合作引领者的角色。

实际上，中国在《巴黎协定》前后已经发挥了示范性的引领作用。2014年至2015年，中国先后同英国、美国、印度、巴西、欧盟、法国等发表气候变化联合声明，就加强气候变化合作、推进多边进程达成一系列共识，尤其是中美、中法气候变化联合声明中的有关共识，在《巴黎协定》谈判最后阶段成为各方寻求妥协的基础。① 在《巴黎协定》的谈判过程中，中国以积极建设性的姿态，从参与者逐渐转变为引领者，在维护自身利益的同时，充分展现了作为大国在全球问题上负责任的态度，并作出了历史性的贡献。②2016年9月在杭州G20峰会上，中国与美国再次联手推动了《巴黎协定》的生效，这充分证明中国主动应对气候变化的态度并将继续积极参与气候谈判。针对美国政府宣布退出《巴黎协定》，中国政府当天举行的外交部例行记者会上直面回击，"《巴黎协定》的成果来之不易，凝聚了国际社会最广泛的共识，为全球合作应对气候变化进程明确了进一步努力的方向和目标，无论其他国家的立场发生了什么样的变化，中国都将继续

---

① 薄燕、高翔：《中国与全球气候治理机制的变迁》，上海人民出版社2017年版，第126页。

② 张晓华、祁悦：《后巴黎全球气候治理形势展望与中国的角色》，《中国能源》2016年第7期。

贯彻创新、协调、绿色、开放、共享的发展理念，立足自身可持续发展的内在需求，采取切实措施，加强国内应对气候变化的行动，认真履行《巴黎协定》。"① 中国政府的表态一定程度上凝聚了其他缔约方维护和执行《巴黎协定》的决心和意愿，也充分体现了中国在国际气候治理问题上发挥引领者的责任和担当。

那么，在引领国际气候合作的过程中，中国应该以什么样的引领方式来发挥这种引领作用呢？这也是中国在后巴黎时代国际气候治理中面临的一个紧迫而现实的问题。古普塔（Gupta J）和林吉厄斯（Ringius L）认为，领导力包括结构型的、胁迫型的、"胡萝卜＋大棒"型的、企业家精神型的、工具型的、问题解决型的、智力型的、单边型的和方向型的。② 在这些类型划分中，基本上可分为硬实力（结构型）和软实力（吸引型）两大类，在国际社会中，主权国家往往通过这两种方式来对其他行为体产生影响。奥兰·杨（Oran Young）和阿里尔德·安德道尔（Arild Underdal）提出，一方面，领导力是一种影响力的不对称关系，一个行为体对其他行为体产生影响并促成某一目标的实现；另一方面，领导力指的是那些努力解决或规避集体行动问题的个体行动，这些集体行动问题困扰着各方寻求获取共同利益的努力。③ 他们都认为，领导者实际上是结合了不同的领导模式，而不仅仅是依靠一种领导形式来指导他人的行为。安德森（Anderesen）和阿格拉瓦拉（Agrawala）将气候领域的领导力区分为以下三种类型：第一，在议程制定过程中，知识型领导（intellectual leadership）较为突出；第二，在谈判阶段，工具型领导（instrumental leadership）比较凸显；第三，基于权力的结构型领导（structural

---

① 《外交部：无论其他国家立场如何变化中国将认真履行〈巴黎协定〉》，2017 年 6 月 1 日，见 http://world.huanqiu.com/exclusive/2017-06/10780730.html。

② Gupta J, Ringius L, "The EU's Climate Leadership: Reconciling Ambition and Reality", *International Environmental Agreements*, Vol.1, No. 2,（2001）, pp.281-299.

③ Oran Young, "Political Leadership and Regime Formation: on the Development of Institutions in International Society", *International Organization*, Vol.45, No.3,（1991）, pp.281-309.

leadership）的重要性贯穿始终。① 在机制形成和变革的不同阶段，领导力可以采取不同的形式，尤其是在议程设置和谈判阶段。②

由此可见，无论是领导作用还是引领作用的发挥，实际上都存在多种方式和选择。我国在国际气候治理中发挥引领作用，并不意味着要作出超越国情、发展阶段和自身能力的贡献，更不需要额外分担美国所放弃的义务而付出更大代价。气候变化领域的领导力和引领作用表现在对各缔约方立场和利益诉求的协调能力，在寻求气候目标与各方立场的契合点以及各方利益诉求的平衡点上展现出影响力、感召力和塑造力，从而促成各方均可接受的共识和行动方案，引导国际气候治理的规则制定，以及合作进程的走向和节奏，从而占据国际道义制高点，提升国家形象和领导力，并且更好地维护和扩展自身国家利益，体现国家的软实力。根据不同的实际需要，使用不同的领导方式，努力使国际气候治理成为我国构建共商、共建、共享的新型国际关系，打造人类命运共同体的重要领域和成功范例。当然，与国际社会的引领相对应，中国国内的低碳发展和低碳转型是中国在国际气候治理领域发挥作用的前提和基础，使中国更多地通过"榜样与示范"发挥积极的引领作用。中国必须努力采取国内行动，把应对气候变化纳入可持续发展战略和国家中长期发展规划上来，走《巴黎协定》倡导的气候适宜型低碳经济发展路径，以实际行动和成效展现在促进全球低碳转型和经济发展方式变革中的影响力和引领作用。③ 也就是说，中国必须适时调整自身在国际气候治理中的身份定位，采取相应的气候战略，发挥一种基于自身内部发展的智力型和方向型积极引领者的作用。

---

① SteinarAndresen & Shardul Agrawala, "Leaders, Pushers and Laggards in the Making of the Climate Regime", *Global Environmental Change*, Vol.22, （2002）, p.41.

② Tora Skodvin, ea tl., "The Negotiation and Effectiveness of International Environmental Agreements: Preface", *Global Environmental Politics*, Vol.6, No.3, （2006）, pp.1-2.

③ 何建坤：《〈巴黎协定〉后全球气候治理的形势与中国的引领作用》，《中国环境管理》2018 年第 1 期。

第四节　后巴黎时代中国的气候战略选择

随着经济全球化和政治民主化的发展，制度治理成为当前国际社会的主导趋势。任何国家要想融入国际社会，维护和拓展自己的国家利益，必须首先学会跟国际制度打交道。气候问题治理为发展中国家提供了一个与发达国家同台共建国际制度的机会和平台。由于自身在资金支持、技术研发等方面的劣势地位，虽然从一开始中国就牢牢抓住了共同但有区别的责任原则这一道义优势，但从气候治理国际制度建构的总体状态来看，中国基本上处于一种被动、保守的参与应对态势，并未取得与发达国家相当的气候话语权。随着政治经济影响力的提升，中国需要从主观上树立提升国际气候治理话语权的意识。

一、引领低碳发展潮流，掌握道义话语权方向

发展是人类社会的永恒主题。1972 年，《斯德哥尔摩宣言》明确提出："人类有权在一种能够过尊严和福利的生活环境中，享有自由、平等和充足的生活条件的基本权利，并且负有保护和改善这一代和将来的世世代代的环境的庄严责任。"[①] 当前国际社会应对气候变化最根本的途径就是减少全球温室气体的排放量，但在目前的科技水平和能源基础框架下，经济的发展不可避免带来全球温室气体排放总量的增加。所以，气候治理的价值目标是在保持全球经济尤其是发展中国家经济发展的前提下降低全球温室气体的排放量，而不是拒绝、杜绝发展尤其是以脱贫为首要目标的发展中国家的发展。发展造成的问题要由发展来解决。当前世界可持续发展正在推进两大议程，除落实

---

① 《斯德哥尔摩人类环境宣言》，《世界环境》1983 年第 1 期。

和实施《巴黎协定》外，联合国 2016 年启动了《联合国 2030 年可持续发展目标（SDGs）》，强调发展经济，消除贫困，促进社会公平、平等，保护生态环境相统筹的发展目标和发展方式。两大议程在理念和目标上高度契合，要放在同一框架内统筹推进，促进各国间的互惠合作，共同实现可持续发展。[①]当前，可持续发展的含义有三：一是要强调对环境的保护，减少温室气体的排放，防止气候变暖从而导致人类生存环境恶化，降低气候灾害发生的可能性；二是强调节约能源，降低单位能耗，减少对化石燃料的依赖，保证国家的能源安全，使产业结构朝低碳经济的方向发展；三是为子孙后代减少气候问题的压力，避免因为一代人的发展与享受而影响后代的发展权，并把后代推上国家社会批评指责的风口浪尖。可见，气候治理的最核心要义在于减少人类经济社会活动中的碳排放，走向低碳经济是气候变化背景下人类的必然选择，是应对气候变化的必由之路。[②]2015 年《巴黎协定》的达成正在加速推进全球低碳化潮流，由此引发全球能源体系、经济发展方式（产业结构）乃至世界各国的发展理念、企业的运行和民众的生活方式等世界经济与社会的各个层面发生重大变革。[③]如果我们说当前世界经济正向低碳经济转型，而未来的时代将是一个低碳经济时代，那么这种时代特征将不但要求世界各国的经济发展方式以及支撑经济发展的资源与能源要素进行根本转型，而且要求整个政治、文化和社会系统进行与之相适应的根本变革。这事实上表明，气候治理正在从根本上重塑我们当前时代及未来时代的文明内涵和秩序特征，这就是全球气候变化及其应对带给我们时代的最根本影响。[④]气候危机已经成为我们时代一个关键的文明驱动因素（key civilizational driver），它从根本上限定了国际体系中各种行为体的行为模式，气候危机已

---

① 何建坤：《〈巴黎协定〉后全球气候治理的形势与中国的引领作用》，《中国环境管理》2018 年第 1 期。

② 潘家华等：《低碳经济的概念辨识及核心要素分析》，《国际经济评论》2010 年第 4 期。

③ 何建坤：《全球低碳化转型与中国的应对战略》，《气候变化研究进展》2016 年第 5 期。

④ 李慧明：《全球气候治理与国际秩序转型》，《世界经济与政治》2017 年第 3 期。

经进入国际政治的核心，没有气候治理结构的真正转型，就不可能维持我们时代文明的可持续发展路径。也就是说，气候变化的影响使得传统的高碳经济无法再继续，走向低碳经济已经越来越成为当前的世界发展潮流，它对于置身其中的国家的发展方式和手段选择越来越具有强制性。因此，全球气候变化致使我们生活在一个日益"泛生态化"和环境国际化治理的世界，任何国家和民族发展手段和方式的选择都已经受到严重的制约和限制，而不能再"随心所欲"和"无所顾忌"地行动，环境关切及其国际化制度和规范已经成为一种必需的考量。①

"赢低碳者赢天下"，越顺应低碳化发展潮流的国家对气候治理作出的贡献也就越大。就其本质而言，走低碳发展之路不仅是为了积极应对气候变化，提升自己在低碳经济竞争中的地位和实力，而且客观上也为国际气候治理提供了"公共产品"，并占据道义制高点，对其他国家产生引领和导向作用，最终获得低碳经济时代"统治权"的合法性。

二、推动构建以《公约》框架为主体、多元联动的气候治理复合机制，提升制度话语权

随着国际力量对比消长变化和全球性挑战日益增多，加强全球治理、推动全球治理体系变革是大势所趋。近年来，中国已将应对气候变化、开展国际气候合作置于建设人类命运共同体的高度来认识。在国际气候谈判中，中国早已不再是被动的回应者，而已成为议程的设置者和推动者、未来合作框架的塑造者，这都需要提升中国在气候治理中的制度性话语权。② 中国参与国际气候治理不仅更加"有为"，也更加"有位"。一是推动"存量"改革，

---

① 郇庆治：《环境政治国际比较》，山东大学出版社 2007 年版，第 3 页。

② 彭本红、曹雅：《提升全球气候治理中的制度性话语权》，《中国社会科学报》2017 年 3 月 22 日。

即提升既有《公约》框架内气候治理中的代表权和话语权；二是促进"增量"供给，即大力推动搭建以共有、共建、共享为特点的新的多边合作机制，努力促进《公约》内外气候治理机制多元复合体的建立。

(一)继续坚持和推动共同但有区别的责任原则

自国际气候变化谈判开始以来，气候治理中的责任义务就一直是各方争论的焦点议题之一。从最早的是否继续坚持共同但有区别的责任原则，到近年来的共同但有区别的责任原则如何解读、体现和落实，各方围绕该原则涉及的历史责任、减排义务、资金、技术支持、透明度等话题展开激烈争论，并耗费了大量的人力、时间和政治资源，共同但有区别的责任原则的权威性也不断受到冲击。[①]中国作为发展中国家的一员，坚持认为公平、共同但有区别的责任和各自能力原则是达成公平协议必须遵守的原则。巴黎气候大会前夕，中国与美国达成了双边气候协议，共同创造性地提出了坚持"公平、共同但有区别的责任和各自能力原则，考虑不同国情"的表述，进而促成了《巴黎协定》的形成和通过。

巴黎协定似乎代表了差异化和减排野心之间的一个微妙的平衡，但它进一步混淆了国家之间的分类。作为当今气候变化谈判的核心基本原则，自《巴黎协定》签署以来，共同但有区别的责任原则的解读有了动态发展，即在原来的以公平为基础并体现共同但有区别的责任和各自能力原则基础上增加了"要根据不同的国情"的表述，一方面协调了发达国家和发展中国家有关历史责任、现实未来责任的分歧，另一方面也鼓励发展中国家根据自身国情，决定其参与国际气候治理的贡献程度。尽管共同但有区别的责任原则得以坚持，但是未来各方仍可能围绕共同但有区别的责任原则的解读、侧重点

①　刘航、温宗国：《全球气候治理新趋势、新问题及国家低碳战略新部署》，《观察》2018 年第 1 期。

和实现方式展开激烈博弈。^①中国在未来国际气候治理中，如何掌控或引领对共同但有区别的责任原则的动态解读，并将其纳入《公约》框架下的国际气候治理框架之中，努力寻求共同但有区别的责任原则可接受性和可实现性的突破，并朝务实方向发展，仍将是未来国际气候治理必须面对的问题之一。^②

（二）发挥《公约》框架体系的主体地位，推动和引领《巴黎协定》的落实

由于应对气候变化是涉及所有国家的全球性议题，联合国等多边平台在国际气候治理中的作用就更显重要。通过加强与联合国相关机构的合作，利用多边平台的影响力，是中国开展主动型的国际气候合作最有效的途径之一。一方面，可以利用联合国已有的渠道和网络，弥补中国在国际气候合作方面的经验不足；另一方面，通过与联合国的紧密合作，也能够巩固和提升中国在联合国系统内部的影响力。在气候治理中，中国明确提出要坚持《公约》和《巴黎协定》的主导和基础性作用，使其成为国际气候谈判的主渠道与核心机制，主要原因是想充分享受共同但有区别的责任原则框架下发展中国家享有的不同于发达国家的权利义务分配。为此，中国应继续积极参与和巩固《公约》下的谈判与合作，对于违背《公约》原则、不符合中国和全球利益的机制，应利用自身影响力，明确加以反对。气候变化归根到底是发展问题，环境治理领域普遍适用的"污染者付费"原则不适用于气候治理。^③《公约》及在其基础之上达成的《京都议定书》和《巴黎协定》体系是唯一能为缔约方设定应对气候变化国际义务的体系，我们应坚持这些义务必须在《公约》原则的指导下设定。任何在《公约》体系外为主权国家设定法律义务的

---

① 刘航、温宗国：《全球气候治理新趋势、新问题及国家低碳战略新部署》，《观察》2018年第1期。

② 刘航、温宗国：《全球气候治理新趋势、新问题及国家低碳战略新部署》，《观察》2018年第1期。

③ 雷丹婧等：《中美两国全球气候治理行动模式的对比分析》，《中国能源》2018年第2期。

体系，在《公约》体系内违反《公约》原则的规则，都是对公平、合作应对
气候变化的破坏，中国应当明确反对。①

气候治理正在形成"气候变化的机制复合体"，一个多层面、多领域、
多行为体复合形成的治理体系框架日渐显现，碎片化问题日益明显，两条轨
道并行的发展趋势短期内不会改变。但《公约》框架下的国际气候治理制度
依然是最具有合法性和权威性的治理制度，主权国家依然是国际气候治理的
主要单元和载体。② 因此，中国应该坚持联合国气候治理制度的主导地位，
抵制那些妄图抛弃多边谈判、另起"小炉灶"的图谋，平衡多边谈判和其他
气候治理领域的关系，把气候外交的主要精力置于推动《巴黎协定》的执行
和落实上。

（三）加强《公约》外气候治理体系的建构与引领

在气候治理进程中，坚持联合国《公约》框架的主体地位对厘清气候问
题上的历史责任、合理分配减排义务、维护广大发展中国家的利益至关重
要。同时中国也必须清醒地意识到，其在《公约》气候制度框架下议价的成
本越来越高，作为发展中国家参与国际制度议价的优势明显趋于弱化。为
此，中国应积极看待《公约》外的其他双边或多边机制，保持开放态度，并
予以积极引导。《公约》下协商一致的谈判规则，在某种程度上是以牺牲效
率来满足公平。从提高气候治理的效率的角度来看，《公约》外发展出的许
多新机制在符合《公约》原则的情况下，有可能为气候治理带来新的机遇。
中国作为应对气候变化积极倡导国，应充分利用《公约》外机制积极采取气
候行动，从有能力有意愿的国家出发，面向全球所有国家，推进公平、包
容、实效的应对气候变化国际合作行动，为推进各国履行其在《公约》下的

---

① 雷丹婧等：《中美两国全球气候治理行动模式的对比分析》，《中国能源》2018 年第 2 期。
② 彭本红等：《提升全球气候治理中的制度性话语权》，《中国社会科学报》2017 年 3 月
22 日。

义务、共同实现《公约》目标作出贡献。①

经过多年努力，中国在应对气候变化领域积累了丰富的经验并取得了显著成效，包括发展可再生能源、提高能效、建立低碳城市和利用市场机制等，为中国开展主动型的国际合作，特别是通过南南合作为发展中国家提供经验和支持打下了良好的基础。根据自身发展优势和需求，中国发起了"一带一路"和亚投行等以基础设施和产能合作为主的国际合作倡议，并初见成效，这些倡议的目标与应对气候变化和可持续发展存在很多交集，与联合国2030年可持续发展目标以及《巴黎协定》应对气候变化的目标高度契合。②同时，在绿色低碳发展成为国际潮流的新形势下，对外合作也必须关注气候变化等全球性议题以及当地的发展需求。"一带一路"沿线国家大都处于气候变化脆弱带和敏感区，气候变化对自然生态和经济社会的负面影响日渐显著。在"一带一路"建设中，发挥"中国气候变化南南合作基金"的引导作用，加强适应和减缓气候变化技术合作，加强防范极端气候事件的能力建设，推进先进能源产业和低碳基础设施建设，③使广大发展中国家通过"一带一路"合作，把应对气候变化作为新的经济增长领域和发展机遇，共同探讨合作共赢、共同发展的绿色低碳发展模式，对世界范围内应对气候变化国际合作提供新的经验和模式。④

同时，后巴黎气候合作时代，除了国家层面的主导和参与外，各种类型的由地方政府、城市、行业、企业和社会团体组成的应对气候变化的联盟和合作组织的作用也在不断凸显，如世界低碳城市联盟、国际油气行业气候倡

---

① 雷丹婧等：《中美两国全球气候治理行动模式的对比分析》，《中国能源》2018年第2期。

② 何建坤：《〈巴黎协定〉后全球气候治理的形势与中国的引领作用》，《中国环境管理》2018年第1期。

③ 何建坤：《〈巴黎协定〉后全球气候治理的形势与中国的引领作用》，《中国环境管理》2018年第1期。

④ 何建坤：《〈巴黎协定〉后全球气候治理的形势与中国的引领作用》，《中国环境管理》2018年第1期。

议组织等。这些组织一方面"自下而上"地提出并制订了共同的低碳目标和行动计划，另一方面倡导城市层面、行业和企业层面、金融投资及社会层面的行为准则，推荐先进技术标准，推广产品碳标识和低碳产品认证，强化绿色金融的投资导向，成为促进《巴黎协定》落实和实施的有生力量。当前我国在各层面都已积极参与的情况下，要加强指导，统筹部署，要在民间组织中发挥引领作用，不断扩大我国在各方面的影响力，引领各个领域的发展趋向，同时打造自身的竞争优势，为提升国家的综合竞争力和国际影响力作出贡献。①

三、加强气候科学的基础研究，提升专业话语权

自国际气候谈判开启以来，IPCC 评估报告一直是国际气候治理推进的基础和依据。各国在气候科研方面的能力和水平，直接决定在国际气候谈判中的地位和主导权，气候科研为各国参与气候治理提供科技实力支撑。欧盟能提出"2 ℃警戒线""1990 年基准年""2020 峰值年／转折年"与其国际一流的气候科研实力是密不可分的。IPCC 的科学评估是在一个政治上约束性较强的国际制度构架下实施的，结果必然是科学与政治联姻，科学背后可能有政治背景，政治意愿可能通过科学体现出来。②IPCC 不仅是跨学科的科学研究场所，而且是研究者和政府官员的会议谈判场所。在未来很长一段时间内，IPCC 还将是气候变化科学评估的重要国际平台，为了在国际气候制度建构中充分体现自身利益诉求，中国需要从根本上加强气候变化相关的基础科学研究，从气候系统的角度开展综合性研究，并在气候变化的核心科

---

① 何建坤：《〈巴黎协定〉后全球气候治理的形势与中国的引领作用》，《中国环境管理》2018 年第 1 期。

② 潘家华：《国家利益的科学论争与国际政治妥协——联合国政府间气候变化专门委员会〈关于减缓气候变化社会经济分析评估报告〉述评》，《世界经济与政治》2002 年第 2 期。

学问题上形成自己的研究成果和观点。为此，中国必须努力做到积极参与、扩充文献、提升能力、掌控流程，从科学领域掌握国际气候问题的主动权。

（一）积极参与是前提

争取来自世界各地科学家相对平衡的参与是 IPCC 设计过程中的一个关键原则，中国要充分利用这一原则尽力促进中国专家对 IPCC 评估报告的参与和影响。当前，中国参与 IPCC 科学评估组的方式主要有两种：一是通过政府代表直接参与 IPCC 报告评估；二是政府通过指定本国的科学家参与 IPCC 的相关工作，允许他们以作者、评审专家以及其他功能形式参与其中。从第二种参与方式来看，参与 IPCC 报告评估的专家无疑具有双重功能：第一，他们不得不追求本国的国家利益；第二，他们作为科学过程的一部分，又要致力于将最新的研究成果反馈给决策者。① 如何平衡科学与政治的关系成为很多专家学者参与 IPCC 评估报告始终面临的一个现实问题；反过来，这一现实问题也是制约专家学者积极参与其中的重要因素。就当前的参与现状来看，中国参与 IPCC 报告评估的专家主要集中于政府机构，缺乏企业界、非政府组织以及其他社会团体的积极和广泛参与。

（二）扩充文献是基础

IPCC 的评估，必须基于现有的科学文献。所谓科学文献，是指在国际科学刊物上经过匿名评审后公开发表的学术研究论文及专著。在 IPCC 评估报告所引用的参考文献方面，西方国家明显占据压倒性优势，这与英语是 IPCC 评估的工作语言密切相关。中国政府的许多意见其根据是公约文本，缺乏文献支持，难以深入和细化。为此，中国科学家要更多地将自己的研

---

① Bernd Siebenhuner, "The Changing Role of Nation States in International Environmental Assessments——The Case of the IPCC", *Global Environmental Change*, Vol.13, No.2,（2003）, p. 114.

究成果和观点转化为高影响因子刊物上公开发表的文章，注重英文文章的质量和数量。① 政治外交战离不开科学支撑，科学中的政治最好是用科学来回应。

（三）提升能力是关键

IPCC 报告的评估需要的几乎都是人文学科与自然科学相结合的"复合型"人才，需要深厚的科研基础与学科支撑，而这正是发展中国家的短板。此外，科研投入、研究能力、语言等方面的劣势也严重限制了发展中国家对 IPCC 评估工作的参与。因此，IPCC 评估报告的绝大多数工作是由发达国家完成的。在 IPCC 整个评估报告的编纂过程中，发达国家和发展中国家对气候变化信息及信息来源的掌控程度存在很大差异，这决定了两者对 IPCC 评估报告内容信任度的不同；气候变化信息及信息来源的"间接性"决定了发展中国家对 IPCC 评估报告结论缺乏信任感。② 一国对 IPCC 报告内容和结论的掌控程度又在很大程度上影响其在国际气候谈判中的能力和地位，并对其权利和义务分配产生深远影响。因此，中国不仅要加大对 IPCC 评估报告的参与力度，同时要提升中国的参与力度和能力。

（四）掌握流程是保障

在传统的科学观中，科学是一种独一无二的人类活动。从知识论的视角来看，科学的独特性体现在寻求真理的主张之中。而真理是普遍的、客观的，因而能够为政治家的决策提供科学的依据。一般认为，科学越接近真理，它就越能够摆脱政治的控制与监管，就越能为政治家提供更充分的决策

---

① 《向世界传递中国声音——IPCC 第五次评估报告中国贡献》，《中国气象报》2014 年 5 月 20 日。

② Frank Biermann, "Big Science, Small Impacts: In the South? The Influence of Global Environmental Assessments on Expert Communities in India", *Global Environmental Change*, Vol.11, （2001）, p. 299.

证据。① 从社会学的视角来看，科学的独特性在于它能够实现一种自律的有效管理，科学家共同体具有一组特殊的制度化规范，从而独立于政治的干涉和监督等。这些关于科学的主张都为科学在政治上的自主性提供了根据，反过来，这种自主性又成为政治家决策的可靠保证。但近几十年的科学知识社会学（SSK）及之后的科学实践论则对传统的科学自主论提出了挑战，并从多方面揭示了"科学既不外在于那些影响其他人类活动的力量，也不对这些力量具有免疫力"②。不仅科学会影响政策的制定，同时，政治在塑造科学中也起到了重要的作用。气候变化问题最初只是一个科学问题，随着问题的深化以及由此带来的深远利益影响，国际社会对该问题加以综合分析和系统研究的重要性日渐凸显。气候决策并非直接考虑科学事实本身，而是将环境、经济、政治、社会等因素予以综合考量，并将历史与现实、公平与效率等因素加以统筹研究。面对气候变化这一科学问题的政治化，特别是针对西方国家利用科技优势抢占国际气候话语权，甚至剥夺和挤压发展中国家的排放空间这一事实，中国必须加大对气候问题的科学研究力度，从气候系统的角度开展综合性研究，并在气候变化的核心科学问题上形成自己的研究成果，并表达独立的观点。③ 同时，充分利用 IPCC 的评估平台，努力提高中国和发展中国家在未来气候变化科学评估中的能力和话语权，促进国内气候科研和IPCC 工作机制的衔接，以期更好地参与 IPCC 未来的评估进程，最大限度地从科学上赢得应对全球气候问题的主动权和话语权，避免被某些别有用心的"科学数据"牵着走。中国气象局局长郑国光指出，气候科研可以帮助中国在新的"游戏规则"建立过程中争取必要的"话语权"。④ 罗勇也认为，"对

---

① 希拉·贾撒诺夫等：《科学技术论手册》，北京理工大学出版社 2004 年版，第 426、424 页。

② 希拉·贾撒诺夫等：《科学技术论手册》，北京理工大学出版社 2004 年版，第 426、424 页。

③ 张晓华等：《〈IPCC 第五次评估报告〉第一工作组主要结论对〈联合国气候变化框架公约〉进程的影响》，《气候变化研究进展》2014 年第 1 期。

④ 记者杨骏等：《郑国光：气候科研奠定"话语权"》，2010 年 12 月 16 日，见 http://news.xinhuanet.com/world/2009- 12/17/content 12661062.htm。

气候科学的认识，谁走在前面，谁就拥有更多的话语权。"[1]因此，如何通过IPCC这一平台，从科学角度争取主动权，对加强我国应对气候变化的能力建设也极为重要。[2]

随着当今国际社会一系列全球公共问题的出现，类似气候变化这类原本属于低级政治领域的非传统安全问题会越来越凸显高级政治化趋势，其背后所依赖的科学支撑也必然会成为国际谈判的基础和起点。为此，中国应充分借鉴和吸收气候问题科学研究和国际谈判之间的关系，努力跳出公共问题本身所涵盖的领域限制，善于从"联结政治"（linkage politic）的视角思考议题间的内嵌性，从系统和宏观的视域来思考公共问题治理的现实限制及长远影响，重视科学与政治相得益彰的关系。近年来，国内学者在涉及国际气候机制设计的很多方面也有良好的研究基础。相信通过不懈的努力，中国和其他发展中国家对气候变化相关的科学问题将会有更清晰的认识和理解，更好地利用科学信息支撑在国际气候变化谈判进程中发挥积极建设性作用。[3]

四、通过策略选择，提升气候治理的整体话语权

气候治理的科学话语权、道义话语权和制度话语权的实施需要高效、灵活的谈判策略选择，需要具体操作和实践层面的落实和实施。后巴黎时代国际气候治理日益出现新的态势。随着美国宣布退出《巴黎协定》，南北泾渭分明的谈判格局越来越模糊化，气候治理的制度也趋向碎片化，国际气候治理内部的分散化趋势加强。在这种形势下，中国要想有所作为，发挥国际引领作用，必须提升中国整体的策略技巧。

---

① 陈晓晨：《后哥本哈根气候认知之气候科学话语权》，《第一财经日报》2009 年 12 月 10 日。

② 陈晓晨：《后哥本哈根气候认知之气候科学话语权》，《第一财经日报》2009 年 12 月 10 日。

③ 张晓华等：《〈IPCC 第五次评估报告〉第一工作组主要结论对〈联合国气候变化框架公约〉进程的影响分析》，《气候变化研究进展》2014 年第 1 期。

（一）积极加强与发达国家的对话与合作

作为一个发展中大国，中国必须加强与美国和欧盟的对话和沟通，推进中美欧关系的良性互动。《巴黎协定》的达成标志着大国领导力在气候治理多边主义中的正式回归，在《巴黎协定》产生的过程中，"大国推动与协商一致模式"可谓功不可没。在后巴黎时代，中国的减排情况无疑继续成为世界的焦点，加上美国宣布退出《巴黎协定》，中国碳排放的焦点位置更加严峻。所以，中国除了积极参与《公约》框架下气候问题谈判外，应继续积极参与双边和多边的地区气候合作，通过加强与欧盟的合作，将美国拉回到至少不脱离国际气候治理的框架。同时，加强与欧盟和美国的沟通协调有利于推动中美、中欧开展清洁能源领域的合作。中美在清洁能源领域的合作的深入开展必须基于双方对彼此综合情况的理性认识和信任关系，而目前这种信任尚未完全建立起来。①

（二）维护发展中国家阵营的团结

巩固基础四国合作机制，深化南南合作，坚决维护发展中国家阵营的团结与合作。为了应对后巴黎时代的国际减排压力，中国必须继续维护自己的发展中国家身份，为国内的经济发展和国际谈判保留余地。虽然哥本哈根大会之后，"G77+中国"的阵营分裂化趋势已经日益显著，但中国仍可以利用基础四国的合作以及南南合作的方式，尽可能地争取发展中国家阵营的支持和理解，协调发展中国家阵营内部的立场。一方面，发展中国家在参与气候治理的过程中最关心的是气候资金问题，因此，中国可以利用金砖国家开发银行、亚投行等平台，通过在金砖国家领导人峰会前召开财政部长会议、央行行长会议和能源部部长会议，推动气候融资项目的开展；另一方面，加大

---

① 《中美在清洁能源领域合作意义重大——专访李侃如》，2011年1月19日，见 http:/f/news.xinhuanet.com/2011-01/19/c-12998777.htm。

南南合作力度。南南合作会是中国在气候治理过程中处理与发展中国家关系的一张"王牌"。中国在巴黎大会前宣布成立南南合作基金，受到国际社会一致好评。未来中国的南南合作可以结合"一带一路"建设，进一步帮助中国周边的发展中国家发展清洁能源和绿色经济，并结合亚投行和丝路基金，将南南合作打造成为一个长期性机制。

综上所述，后巴黎时代国际气候治理能否取得成效，取决于参与谈判各方能否根据国际气候谈判形势、各自的国家实力及具体国情、减排能力及利益诉求的变化适时地调整、修订自己的谈判立场和态度，力争拓展共同利益，并在此基础上达成公平和效率兼具的国际气候制度体系。对气候问题的深入解读不难发现，"碳时代"仍然是一个靠实力说话的时代，围绕气候治理展开的"共同"与"有区别"之间的争论，不仅体现了各主权国家对责任的不同解读，更体现出其如何均衡责任与实力的内在需求。现实中的气候和环境治理体系仍然是一个以国家为中心的治理体系，像任何时代一样，大国依然是碳时代的主角，不仅主导国际气候治理规则的创设与执行，而且还借重气候问题力图重构或维持国际政治经济体系。"只有基于实力基础上的全球环境治理才可能发挥出应有的效用，因为光有合理安排而无实力为后盾，只能是徒有其表。"[①]碳时代的中国要想在国际气候变化谈判中化被动为主动，成为真正的赢家，必须用科学发展观来统筹气候谈判与国内发展，掌握气候治理道义话语权方向；加强和推动《公约》内外气候治理机制复合体的建设，引领气候治理制度话语权的走向；加强气候科学研究，从技术上面提供专业支撑；同时，通过策略选择，提升中国气候治理的整体话语权。

---

① ［美］亨利·基辛格：《大外交》，顾淑馨、林添贵译，海南出版社 1998 年版，第 57 页。

结 语

IPCC 前负责人之一、英国气象学家休顿曾警告说，全球变暖的利剑就像恐怖主义一样没有国界，它以热浪、干旱、洪水和暴风雨等各种形式在全球各地引发危机。全球气候变化的影响是宽尺度、全方位、多层次的，既有正面的，也有负面的，既有全球性的，也有区域性的，既有自然生态方面的，也有社会系统方面的，涉及整个自然生态系统和人类社会。地球正在经历以全球变暖为特征的气候变化已是不争的事实，而且其产生原因与人类活动密切相关。2014 年 10 月，IPCC 发布了第五次评估报告，报告中再次明确指出，气候变暖是毋庸置疑的事实，自 1950 年以来对气候系统观测到的许多变化在过去几十年甚至上千年时间里都是前所未有的，人类活动是导致全球变暖的最主要原因的可能性为 95% 以上。[①] 自工业革命以来，人类过度使用煤炭、石油和天然气等化石燃料所排出的大量温室气体是导致全球气候变暖的主要原因，这一结论已有 IPCC 的评估报告予以基本确认。气候作为人类赖以生存的自然环境的一个重要组成部分，它的任何变化都会对自然生态系统以及社会经济产生不可忽视的影响。为了在地球上生存下来，人类要求有一个稳定的、持续存在的、相宜的环境。但是，不容辩驳的事实是，我们现在依靠地球生活的方式却正在使它薄薄的、生命所赖以存在的表面以

----

① IPCC：《气候变化 2014：综合报告》序，第 5 页，https://www.ipcc.ch/site/assets/uploads/2018/02/SYR_AR5_FINAL_full_zh.pdf.

及我们自己一起走向毁灭。所幸的是，人类在经历环境危机的同时，开始重新审视人与自然的关系，并以尊重自然的态度去采取保护措施，很可能是缘于"当人们对某个问题的认识出现了系统性的变化，引起新来的更多人的关注——也许是因为一场危机，也许是因为一个重大的事件——就可能会发生影响深远的变化"。

气候变化问题是环境问题，也是发展问题，但归根结底是发展问题。气候变化产生的最直接的原因是人类能源消费和生产生活中排放大量的温室气体造成的，根本原因是人类社会发展中采用的不可持续的发展模式所致。为了维护全球生态系统的平衡和"将大气中温室气体的浓度稳定在防止气候系统受到危险的人为干扰的水平上"这一长远目标，人类社会必须自我控制其温室气体的排放和环境容量的使用。但在由民族国家组成的权威缺失国际无政府状态下，要想实现各主权国家均能受益的全球生态平衡这一公共物品，要求作为"理性人"国家依靠自我意志或自我约束去支付巨额的经济成本的意愿难以实现，各国"搭便车"的企图和行为会使各国主动放弃自我规制和约束的努力，从而可能引发全球"公用地的悲剧"的经济负外部性问题。在国际社会这种强烈的大集团性质的集体中，应对气候变化，减缓全球气候变暖这样的国际公共福利本身不足以提供足够的动力让其自觉地限制温室气体排放，维护全球生态系统的安全与稳定，要想各主权国家主动减缓温室气体排放，提供全球生态稳定这一公共物品，只能通过外在的强制和约束，但在外在公共权威缺失的状态下，外在的强制和约束只能来自建立在各国平等和民主参与基础上的国际制度合作。所以，气候问题的解决也要靠世界各国在平等和民主基础上构建出来的国家制度实现温室气体排放权和环境容量的合理分配，促使全球福利最大化。为应对气候变化而达成的全球减排协议是涉及全人类的最大的全球性公共产品，也是影响未来世界经济和社会发展、重构全球政治和经济格局的最重要因素之一。

国际制度通俗地说就是国际社会的游戏规则，是国际社会不可缺少的公共物品，在相互依赖日益加深的地球村里，国际制度治理已成为解决全球公共问题的基本思路。制度治理的含义是指通过国际制度的干预或国际制度的具体实施，以规范或改变国家的行为以达到制度的预期目的。在气候变化的全球大背景下，如何通过制度聚合作用让全人类来一起共担责任和分享成果，已经成为国际社会面临的共同议题。国际制度可以改变一国对长期利益和短期利益的看法，影响一国对绝对收益和相对收益的认知。尽管各缔约方都认识到应对气候变化的重要性，也都有一定的意愿去推动国际气候合作向纵深发展，但除非形成具有约束力的制度框架协议，否则国家"理性人"特性让其难以通过主观自愿合作的方式来解决气候变暖这一全球性公共问题。国际气候制度治理的实质就是一种稀缺战略资源在全球范围内的管理和分配，具体措施就是通过规范主权国家的经济行为，减缓全球温室气体的总体排放量，在当今技术水平和能源结构下，规范主权国家的排放行为无疑是要规制其未来的发展速度。在融入不同国家的价值判断和利益考量后，国际社会围绕应对气候变化的谈判在一定程度上演变成国际政治博弈和经济竞争的热点，原本起源于科学认知基础上的国际气候谈判随着气候制度规制作用的增强泛政治化现象日趋严重。正如俄罗斯著名天文学家阿卜杜萨马托夫所言："气候变化是一个被政治家操弄的科学问题，但他们坚持的只是政治原则而非科学精神。"气候谈判，实质是政治谈判，不是科学研讨，各国或国家集团在谈判中都要为贯彻落实自己的经济利益而确立或争夺包含不同议题的话语主导权。在运用国际气候制度对气候问题进行治理的过程中，任何国家都想在制度安排中获取利益优势，使本国利益不被制度议价牺牲掉，使本国对气候治理的认知和价值理念融入制度的原则、规范、规则以及决策程序当中。作为世界上政治大国、环境大国和人口大国，中国在国际气候谈判过程中的地位举足轻重，对国际气候治理的道义话语权、制度话语权和科学话语权产生了深远的影响，国际气候谈判之所以在联合国框架下进行、以"公约＋议定书"的方式逐步推进、与发展问题紧密相连、以人均原则为碳排放衡量标准、以共同但有区别的责任原则为基础建构原则均离不开中国的努力和作为。中国的气候话语权对气候治理制度的发展延续、气候治理结构以及气候治理效果都产生了深远的影响。

后巴黎谈判进程开启以后，原先气候制度的环境目标、制度原则以及制度效力等因素并未自动转化成后巴黎气候制度建构的基础，原先经过谈判达成的诸多共识和长远目标在现阶段的政治谈判和任务分配过程中趋于瓦解，加上美国宣布退出《巴黎协定》，当前国际气候治理出现领导力严重赤字、参与主体日益多元、南北谈判格局进一步模糊、治理制度进一步碎片化的趋势。

在后巴黎时代，中国在气候治理中能否起到引领作用，取决于国际社会对中国科学话语权、道义话语权以及制度话语权的容纳和接受程度，而这很大程度上又取决于中国实践综合运用上述话语权的策略技巧，而策略技巧又最终落脚于中国在后巴黎时代气候治理中的身份定位。因此，中国要继续承接在《巴黎协定》谈判过程中的示范引领作用，引领国际气候治理的未来走向和进程。国际引领是促进国际合作的必要因素，气候治理的实践表明，国际引领正是气候治理制度形成的必要条件，领导不是支配和控制，而是气候治理的责任，[①] 通过积极主动地推动气候治理取得实质性进展，发挥方向型、理念型和工具型领导的作用，[②] 引领国际气候治理走上公平公正、合作共赢的轨道。

在后巴黎时代，中国要想在国际气候治理中发挥引领作用，需要着重从以下几个方面着手：一是带头转变发展理念和方式，走绿色低碳道路，引领低碳发展潮流，掌握道义话语权方向；二是推动构建以《公约》框架为主体、

---

① 彭本红、曹雅茹：《提升全球气候治理中的制度性话语权》，《中国社会科学报》2017年3月22日。

② 彭本红、曹雅茹：《提升全球气候治理中的制度性话语权》，《中国社会科学报》2017年3月22日。

多元联动的气候治理复合机制，提升制度话语权；三是加强气候科学基础研究，提升中国专业话语权；四是站在更加宏观的高度影响谈判格局，既要处理好与欧盟、美国等这些大国的关系，做好气候治理的引领工作，又要协调好与其他发展中国家内部不同群体如"基础四国+"、小岛屿国家和最不发达国家的关系，做好国际气候治理的协调工作。

　　美国退约给后巴黎时代国际气候治理结构带来的重大变化标志着气候治理已经迈进一个全新的 3.0 时代。在这个时代，由于美国的退出和不作为，甚至拖后腿，气候治理的领导结构、谈判结构、行为体结构、制度结构以及观念结构都发生了巨大的变化。气候治理正在成为影响当前国际秩序转型和新的国际秩序构建的一个深层次重要因素，气候治理的未来依然存在很大的不确定性，这种不确定性的影响因素很多，但国际社会在没有美国的背景下依然坚定地推动国际气候治理向前发展，为落实《巴黎协定》的细则谈判也发挥了积极的作用，这又给当前的国际气候治理带来了些许积极的确定性。当前，无论是宏观意义上的国际政治经济格局，还是微观意义上的国际气候政治格局，都在经历前所未有的调整与变化。在这样的背景下，无疑需要像中国这样的大国审慎评估当前国际气候治理的发展态势，顺应国际气候治理的发展趋势，合理标定自身的角色和身份，从构建人类命运共同体的战略目标出发，以更加主动、更加有为的姿态积极参与气候治理体系改革和建设，推动后巴黎时代气候治理向着既定目标迈进，为维护我们共同的家园承担起大国应有的责任，作出应有的贡献。

参考文献

一、中文文献

国家环境保护局、国际合作委员会秘书处编：《中国环境与发展国际合作委员会文件汇编》，中国环境科学出版社 1994 年版。

国家环境保护局、国际合作委员会秘书处编：《中国环境与发展国际合作委员会文件汇编（二）》，中国环境科学出版社 1995 年版。

国家环境保护局、国际合作委员会秘书处编：《中国环境与发展国际合作委员会文件汇编（三）》，中国环境科学出版社 1996 年版。

国家环境保护局、国际合作委员会秘书处编：《中国环境与发展国际合作委员会文件汇编（四）》，中国环境科学出版社 1997 年版。

国家气候变化对策协调小组办公室、中国 21 世纪议程管理中心：《全球气候变化——人类面临的挑战》，商务印书馆 2004 年版。

国家环境保护总局国际合作司、国家环境保护总局政策研究中心编：《联合国环境与可持续发展系列大会重要文件选编》，中国环境科学出版社 2004 年版。

国家发改委能源研究所：《减缓气候变化——IPCC 第三次评估报告的主要结论和中国的对策》，气象出版社 2004 年版。

全国政协人口资源环境委员会、中国气象局：《气候变化与生态环境研讨会文集》，气象出版社 2004 年版。

中国环境与发展国际合作委员会、中共中央党校国际战略研究所编：《中国环境与发展：世纪挑战与战略抉择》，中国环境科学出版社 2007 年版。

［美］史蒂夫·范德海登：《政治理论与全球气候变化》，江苏人民出版社 2019 年版。

［加］娜奥米·克莱恩：《改变一切：气候危机、资本主义与我们的终极命运》，李海默等译，上海三联书店 2018 年版。

［英］戴维·赫尔德：《气候变化的治理——科学、经济学、政治学与伦理学》，社会科学出版社 2012 年版。

［英］安东尼·吉登斯：《气候变化的政治》，曹荣湘译，社会科学文献出版社 2009 年版。

［美］肯尼兹·华尔兹：《国际政治理论》，信强译，上海世纪出版集团 2008 年版。

［美］亚历山大·温特：《国际政治社会理论》，秦亚青译，上海世纪出版集团 2008 年版。

［美］詹姆斯·古斯塔夫·史伯斯：《朝霞似火：美国与全球环境危机——公民的行动议程》，李燕姝等译，中国社会科学出版社 2007 年版。

［美］奥兰·扬：《世界事务中的治理》，陈玉刚、博燕译，上海世纪出版集团 2007 年版。

［英］克里斯托弗·希尔：《变化中的对外政策政治》，唐小松、陈寒溪译，上海世纪出版集团 2007 年版。

［美］朱迪斯·戈尔茨坦、罗伯特·基欧汉：《观念与外交政策》，刘东国、于军译，北京大学出版社 2006 年版。

［美］彼得·卡赞斯坦、罗伯特·基欧汉、斯蒂芬·卡拉斯纳：《世界政治理论的探索与争鸣》，秦亚青等译，上海世纪出版集团 2006 年版。

［美］罗伯特·基欧汉：《霸权之后——世界政治经济中的合作与纷争》，苏长和等译，上海世界出版集团 2006 年版。

［英］戴维·赫尔德、安东尼·麦克格鲁：《治理全球化——权力、权威与全球治理》，曹荣湘、龙虎等译，中国社会科学出版社 2004 年版。

［美］罗伯特·吉尔平：《全球政治经济学：解读国际经济秩序》，杨宇光、杨炯译，上海人民出版社 2003 年版。

［美］罗伯特·基欧汉、海伦·米尔纳：《国际化与国内政治》，姜鹏等译，北京大学出版社 2003 年版。

［美］詹姆斯·多尔蒂、小罗伯特·普法尔茨格拉夫：《争论中的国际关系理论》，阎学通、陈寒溪等译，世界知识出版社 2003 年版。

［美］罗伯特·基欧汉：《新现实主义及其批评》，郭树勇译，北京大学出版社 2002 年版。

［美］詹姆斯·N．罗西瑙：《没有政府的治理》，张胜军等译，江西人民出版社 2001 年版。

［美］伊莉莎白·埃克诺米、米歇尔·奥克森伯格：《中国参与世界》，华宏勋等译，新华出版社 2001 年版。

［美］玛莎·费丽莫：《国际社会中的国家利益》，袁正清译，浙江人民出版社 2001 年版。

［美］阿拉斯泰尔·伊恩·约翰斯顿、罗伯特·罗斯：《与中国接触：应对一个崛起的大国》，黎晓蕾、袁征译，新华出版社 2001 年版。

［美］亨利·基辛格：《大外交》，顾淑馨、林添贵译，海南出版社 1998 年版。

［美］巴里·康芒纳：《封闭的循环——自然、人和技术》，侯文蕙译，吉林人民出版社 1997 年版。

世界环境与发展委员会：《我们共同的未来》，王之佳等译，吉林人民出版社 1997 年版。

［美］曼瑟尔·奥尔森：《集体行动的逻辑》，陈郁、郭宇峰、李崇新译，上海三联书店 1995 年版。

［美］罗伯特·吉尔平:《世界政治中的战争与变革》,武军等译,中国人民大学出版社 1994 年版。

［美］卡尔多伊奇:《国际关系分析》,周启鹏等译,世界知识出版社 1992 年版。

董亮:《全球气候治理中的科学与政治互动》,世界知识出版社 2018 年版。

薄燕、高翔:《中国与全球气候治理机制的变迁》,上海人民出版社 2017 年版。

袁倩主:《全球气候治理》,中央编译出版社 2017 年版。

张文木:《气候变迁与中华国运》,海洋出版社 2017 年版。

陈岳、蒲俜:《构建人类命运共同体》,中国人民大学出版社 2017 年版。

李慧明:《生态现代化与气候治理》,社会科学文献出版社 2017 年版。

谢伏瞻、刘雅鸣等:《应对气候变化报告 2018》,社会科学文献出版社 2018 年版。

邹骥、傅莎等:《论全球气候治理——构建人类发展路径创新的国际体制》,中国计划出版社 2015 年版。

薄燕:《全球气候变化治理中的中美欧三边关系》,上海人民出版社 2012 年版。

于宏源:《环境变化和权势转移:制度、博弈和应对》,上海人民出版社 2011 年版。

张海滨:《气候变化与中国国家安全》,时事出版社 2010 年版。

杨洁勉:《世界气候外交和中国的应对》,时事出版社 2009 年版。

庄贵阳、朱仙丽、赵行姝:《全球环境与气候治理》,浙江人民出版社 2009 年版。

胡鞍钢、管清友:《中国应对全球气候变化》,清华大学出版社 2009 年版。

唐颖侠:《国际气候变化条约的遵守机制研究》,人民出版社 2009 年版。

陈刚:《京都议定书与国际气候合作》,新华出版社 2008 年版。

张海滨:《环境与国际关系》,上海人民出版社 2008 年版。

张利军:《中美关于应对气候变化的协商与合作》,世界知识出版社 2008 年版。

博燕:《国际谈判与国内政治——美国〈京都议定书〉谈判的实例》,上海三联书店 2007 年版。

姜冬梅、张孟衡、路根法:《应对气候变化》,中国环境科学出版社 2007 年版。

徐再荣:《全球环境问题与国际回应》,中国环境科学出版社 2007 年版。

丁金光:《国际环境外交》,中国社会科学出版社 2007 年版。

林云华:《国际气候合作与排放权交易制度》,中国经济出版社 2007 年版。

王正毅:《世界体系与国家兴衰》,北京大学出版社 2006 年版。

王逸舟:《探寻全球主义国际关系》,北京大学出版 2005 年版。

庄贵阳、陈迎:《国际气候制度与中国》,北京知识出版社 2005 年版。

李少军:《国际战略报告:理论体系、现实挑战与中国的选择》,中国社会科学出版社 2005 年版。

刘贞晔:《国际政治领域中的非政府组织——一种互动关系的分析》,天津人民出版社 2005 年版。

周忠海:《国际法》,中国政法大学出版社 2004 年版。

王丰:《地球——人类沧桑的家园》,国防工业出版社 2003 年版。

崔大鹏:《国际气候合作的政治经济学分析》,商务印书馆 2003 年版。

吕学都:《全球气候变化研究:进展与展望》,气象出版社 2003 年版。

王之佳:《全球环境问题和中国环境外交》,中国环境科学出版社 2003 年版。

王杰：《国际机制论》，新华出版社 2002 年版。

曲格平：《梦想与期待》，中国环境科学出版社 2000 年版。

苏长和：《全球公共问题与国际合作：一种制度的分析》，上海人民出版社 2000 年版。

王之佳：《中国环境外交》，中国环境科学出版社 1999 年版。

王曦：《国际环境法》，法律出版社 1998 年版。

曲格平：《我们需要一场变革》，吉林人民出版社 1997 年版。

王逸舟：《当代国际政治析论》，上海人民出版社 1995 年版。

吕江：《从国际法形式效力的视角对美国退出气候变化〈巴黎协定〉的制度反思》，《中国软科学》2019 年第 1 期。

张洪为：《全球气候治理与中欧命运共同体的构建》，《国外社会科学》2019 年第 1 期。

荆克迪、师翠英：《人类命运共同体原则下的全球气候博弈分析》，《南京社会科学》2019 年第 1 期。

申丹娜、申丹虹、齐明利：《气候变化科学事实及其相关问题争论评述》，《自然辩证法通讯》2019 年第 5 期。

刘伟：《威廉·D. 诺德豪斯气候变化经济学思想评述——马克思主义经济学视角》，《福建论坛（人文社会科学版）》2019 年第 2 期。

潘家华、张莹：《中国应对气候变化的战略进程与角色转型：从防范“黑天鹅”灾害到迎战“灰犀牛”风险》，《中国人口·资源与环境》2018 年第 10 期。

张肖阳：《后〈巴黎协定〉时代气候正义基本共识的达成》，《中国人民大学学报》2018 年第 6 期。

刘青尧：《从气候变化到气候安全：国家的安全化行为研究》，《国际安全研究》2018 年第 6 期。

冯帅：《特朗普时期美国气候政策转变与中美气候外交出路》，《东北亚论坛》2018 年第 5 期。

赵斌：《全球气候政治的碎片化：一种制度结构》，《中国地质大学学报（社会科学版）》2018 年第 5 期。

李昕蕾、王彬彬：《国际非政府组织与全球气候治理》，《国际展望》2018 年第 5 期。

袁倩：《多层级气候治理：现状与障碍》，《经济社会体制比较》2018 年第 5 期。

何建坤：《新时代应对气候变化和低碳发展长期战略的新思考》，《武汉大学学报（哲学社会科学版）》2018 年第 4 期。

董亮：《科学与政治之间：大规模政府间气候评估及其缺陷》，《中国人口·资源与环境》2018 年第 7 期。

何建坤：《〈巴黎协定〉后全球气候治理的形势与中国的引领作用》，《中国环境管理》2018 年第 1 期。

康晓：《气候变化全球治理的制度竞争——基于欧盟、美国、中国的比较》，《国际展望》2018 年第 2 期。

王雨辰、张星萍：《论后巴黎时代全球气候治理的伦理困境与可能的出路》，《江汉论坛》2018 年第 11 期。

李慧明：《特朗普政府"去气候化"行动背景下欧盟的气候政策分析》，《欧洲研究》2018 年第 5 期。

何建坤：《新时代应对气候变化和低碳发展长期战略的新思考》，《武汉大学学报（哲学社会科学版）》2018 年第 4 期。

赵斌：《全球气候治理困境及其化解之道——新时代中国外交理念视角》，《北京理工大学学报（社会科学版）》2018 年第 4 期。

赵斌：《霸权之后：全球气候治理"3.0 时代"的兴起——以美国退出〈巴黎协定〉为例》，《教学与研究》2018 年第 6 期。

庄贵阳等：《中国在全球气候治理中的角色定位与战略选择》，《世界经济与政治》2018 年第 4 期。

潘家华：《巴黎气候进程不可逆转》，《中国社会科学报》2017 年第 7 期。

傅莎等：《美国宣布退出〈巴黎协定〉后全球气候减缓、资金和治理差距分析》，《气候变化研究进展》2017 年第 5 期。

张海滨等：《美国退出〈巴黎协定〉的原因、影响及中国的对策》，《气候变化研究进展》2017 年第 5 期。

孙永平、胡雷：《全球气候治理模式的重构与中国行动策略》，《南京社会科学》2017 年第 6 期。

康晓：《多元共生：中美气候合作的全球治理观创新》，《世界经济与政治》2016 年第 7 期。

赵行姝：《透视中美在气候变化问题上的合作》，《现代国际关系》2016 年第 8 期。

李惠民、马丽、齐晔：《中美应对气候变化的政策过程比较》，《中国人口·资源与环境》2011 年第 7 期。

李慧明：《全球气候治理与国际秩序转型》，《世界经济与政治》2017 年第 3 期。

谢来辉：《巴黎气候大会的成功与国际气候政治新秩序》，《国外理论动态》2017 年第 7 期。

李昕蕾：《全球气候能源格局变迁下中国清洁能源外交的新态势》，《太平洋学报》2017 年第 12 期。

王彬彬、张海滨：《全球气候治理"双过渡"新阶段及中国的战略选择》，《中国地质大学学报（社会科学版）》2017 年第 3 期。

李昕蕾：《全球气候治理领导权格局的变迁与中国的战略选择》，《山东大学学报（哲学社会科学版）》2017 年第 1 期。

汤伟：《迈向完整的国际领导：中国参与全球气候治理的角色分析》，《社会科学》2017 年第 3 期。

康晓：《中欧多层气候合作探析》，《国际展望》2017 年第 1 期。

孙萌萌、江晓原：《全球变暖与全球变冷：气候科学的政治建构——以20世纪冰期预测为例》，《上海交通大学学报（哲学社会科学版）》2017年第1期。

丁金光：《巴黎气候大会与中国的贡献》，《公共外交季刊》2016年第1期。

丁金光、管勇鑫：《"基础四国"机制与国际气候谈判》，《国际论坛》2016年第6期。

齐琳：《气候伦理引导气候谈判的可行性及原则》，《国际论坛》2017年第1期。

赵斌：《球气候治理的"第三条道路"——以新兴大国群体为考察对象》，《教学与研究》2016年第4期。

吴静、王诗琪、王铮：《世界主要国家气候谈判立场演变历程及未来减排目标分析》，《气候变化研究进展》2016年第3期。

张文木：《21世纪气候变化与中国国家安全》，《太平洋学报》2016年第12期。

叶江：《"共同但有区别的责任"原则及对2015年后议程的影响》，《国际问题研究》2015年第5期。

高小升：《国际政治多极格局下的气候谈判——以德班平台启动以来国际气候谈判的进展与走向为例》，《教学与研究》2014年第4期。

潘家华、王谋：《国际气候谈判新格局与中国的定位问题探讨》，《中国人口·资源与环境》2014年第4期。

康晓：《国际规范的双重属性与规范的缘起——基于国际气候合作规范的分析》，《世界经济与政治》2013年第6期。

王文军等：《碳排放权分配与国际气候谈判中的气候公平诉求》，《外交评论（外交学院学报）》2012年第1期。

马建英：《国际气候制度在中国的内化》，《世界经济与政治》2011年第6期。

刘助仁：《应对气候变化的全球攻略》，《国际问题研究》2010 年第 2 期。

潘家华：《中国低碳转型：不仅仅是为了应对气候变化》，《中国党政干部论坛》2010 年第 12 期。

孙凯：《认知共同体与全球环境治理》，《中国海洋大学学报（社会科学版）》2010 年第 1 期。

王博：《低碳经济与低碳生活的文化应对》，《北方论丛》2010 年第 5 期

王伟男：《国际气候话语权之争初探》，《国际问题研究》2010 年第 4 期。

张磊：《国际气候政治的中国困境——一种微观层次的梳理》，《教学与研究》2010 年第 2 期。

张海滨：《关于哥本哈根气候变化大会之后国际气候合作的若干思考》，《国际经济评论》2010 年第 4 期。

何建坤等：《全球低碳经济潮流与中国的响应对策》，《世界经济与政治》2010 年第 4 期。

李志永、张月英：《国际制度的国内影响》，《国际关系学院学报》2010 年第 2 期。

李慧明：《欧盟在国际气候谈判中的政策立场分析》，《世界经济与政治》2010 年第 2 期。

巢清尘：《后哥本哈根时代我国面临的气候变化新形势》，《国际展望》2010 年第 2 期。

陈广猛：《论思想库对中国外交政策的影响》，《外交评论》2010 年第 1 期。

谷德近：《从巴厘到哥本哈根：气候变化谈判的态势和原则》，《昆明理工大学学报（社会科学版）》2009 年第 9 期。

何建坤等：《全球长期减排目标与碳排放权分配原则》，《气候变化研究进展》2009 年第 6 期。

胡振宇：《低碳经济的全球博弈和中国的政策演化》，《开放导刊》2009 年第 5 期。

王学东：《中国参与国际制度的声誉考量》，《当代亚太》2009年第2期。

于宏源：《中国和气候变化国际制度：认知和塑造》，《国际观察》2009年第4期。

邓梁春等：《中国参与构建2012年后国际气候制度的战略思考》，《气候变化研究进展》2009年第3期。

于宏源等：《气候变化国际制度议价和中国》，《教学与研究》2008年第9期。

王存刚、王瑞领：《论中国负责任大国身份的建构》，《世界经济与政治论坛》2008年第1期。

徐以祥：《气候保护和环境正义》，《现代法学》2008年第1期。

杨华：《合作与牵制：气候变化的国际法律机制及其应对》，《河北法学》2008年第5期。

吴其胜：《国际关系研究中的跨层次分析》，《外交评论》2008年第2期。

张坤民：《低碳世界中的中国：地位、挑战与战略》，《中国人口·资源与环境》2008年第3期。

李伟、何建坤：《澳大利亚气候变化政策的解读与评价》，《当代亚太》2008年第1期。

庄贵阳：《后京都时代国际气候治理与中国的战略选择》，《世界经济与政治》2008年第8期。

潘家华等：《减缓气候变化经济评估结论的科学争议与政治解读》，《国际经济评论》2007年第5期。

潘家华等：《从中美战略对话角度透视能源和环保问题》，《国际经济评论》2007年第5期。

张海滨：《中国与国际气候变化谈判》，《国际政治研究》2007年第1期。

张海滨：《论国际环境保护对国家主权的影响》，《欧洲研究》2007年第3期。

于宏源：《国际制度与政府决策转型》，《国际政治科学》2007 年第 1 期。

何建坤等：《全球应对气候变化对我国的挑战与对策》，《清华大学学报（哲学社会科学版）》2007 年第 5 期。

陈迎：《国际气候制度的演进及对中国谈判立场的分析》，《世界经济与政治》2007 年第 2 期。

朱立群：《观念转变、领导能力与中国外交的变化》，《国际政治研究》2007 年第 1 期。

杨光海：《论国际制度在国际政治中的地位和作用》，《世界经济与政治》2006 年第 2 期。

邢悦、詹奕嘉：《新身份·新利益·新外交——对中国新外交的建构主义分析》，《现代国际关系》2006 年第 11 期。

秦天宝：《国际法的新概念"人类共同关切事项"初探》，《法学评论》2006 年。

舒建中：《解读国际关系的规范模式：国际机制诸理论及其整合》，《国际论坛》2006 年第 3 期。

于宏源：《国际机制中的利益驱动与公共政策协调》，《复旦学报（社会科学版）》2006 年第 3 期。

赵行姝：《国际气候合作的现实与前景》，《气候变化研究进展》2006 年第 5 期。

李巍、王勇：《国际关系研究层次的回落》，《国际政治科学》2006 年第 3 期。

刘宏松：《对国家参与国际制度的另一种理性主义解释》，《国际论坛》2006 年第 5 期。

王礼茂：《中国应对气候变化谈判的几点思考》，《气候变化研究进展》2005 年第 1 期。

潘家华：《后京都国际气候协定谈判的趋势与对策思考》，《气候变化研究进展》2005 年第 1 期。

葛汉文：《全球气候治理中的国际机制与主权国家》，《世界经济与政治论坛》2005 年第 3 期。

邵锋：《国际气候谈判中的国家利益与中国的方略》，《国际问题研究》2005 年第 4 期。

于宏源：《〈联合国气候变化框架公约〉与中国气候变化政策协调的发展》，《世界经济与政治》2005 年第 10 期。

庄贵阳：《气候变化与可持续发展》，《世界经济与政治》2004 年第 4 期。

张伟：《关注气候变化实现可持续发展》，《世界经济与政治》2003 年第 1 期。

王明国：《国际机制对国家行为的影响》，《世界经济与政治》2003 年第 6 期。

潘家华：《减缓气候变化的经济与政治影响及其地区差异》，《世界经济与政治》2003 年第 6 期。

江忆恩：《简论国际机制对国家行为的影响》，《世界经济与政治》2002 年第 12 期。

魏涛远、格罗姆斯洛德：《征收碳税对中国经济与温室气体排放的影响》，《世界经济与政治》2002 年第 8 期。

苏长和：《中国与国际制度》，《世界经济与政治》2002 年第 10 期。

潘家华：《国家利益的科学论争与国际政治妥协》，《世界经济与政治》2002 年第 2 期。

陈迎：《中国在气候公约演化进程中的作用与战略选择》，《世界经济与政治》2002 年第 5 期。

范菊华：《规范与国际制度安排：一种建构主义阐释》，《现代国际关系》2002 年第 10 期。

陈迎、庄贵阳：《〈京都议定书〉的前途及其国际经济和政治影响》，《世界经济与政治》2001 年第 6 期。

庄贵阳：《从公平与效率原则看清洁发展机制及其实施前景》，《世界经济与政治》2001 年第 2 期。

王义桅：《环境问题与国际制度变迁》，《国际论坛》2000 年第 5 期。

门洪华：《对国际机制理论主要流派的批评》，《世界经济与政治》2000 年第 3 期。

庄贵阳：《温室气体减排的南北对立与利益调整》，《世界经济与政治》2000 年第 4 期。

李东燕：《对气候变化问题的若干政治分析》，《世界经济与政治》2000 年第 8 期。

郭树永：《国际制度的融入与国家利益》，《世界经济与政治》1999 年第 4 期。

江忆恩：《中国参与国际体制的若干思考》，《世界经济与政治》1999 年第 7 期。

陈志敏：《国际关系中的环境问题及其解决机制》，《复旦学报（社会科学版）》1998 年第 5 期。

二、英文文献

Andreas Hasenclever, Peter Mayer, Volker Rittberger, *Theories of International Regimes*, Cambridge: Cambridge University Press, 1997.

Andrew E. Dessler and Edward A. Parson, *The Science and Politics of Global Climate Change*, Cambridge: Cambridge University Press, 2006.

Caldwell Lynton, *International Environmental Policy*, Durham: Duke University Press, 1990.

David Lampton（ed.）, *The Making of Chinese Foreign and Security Policy in the Era of Reform 1978-2000*, Stanford: Stanford University, 2001.

Elizabeth Economy, et al., *The Internalization of Environmental Protection*, Cambridge: Cambridge University Press, 1997.

Elizabeth R. Desombre, *The Global Environment and World Politics*, NY: Continuum International Publishing Group, 2007.

Helen v. Milner, *Interest, Institutions and Information: Domestic Politics and International Relations*, Princeton Princeton University, 1997.

Jane A. Leggett, et al., *China's Greenhouse Gas Emissions and Mitigation Policies*, CRS Report for Congress, September 10, 2008.

John Vogler, *Climate Change in World Politics*, London: Palgrave Micmillan, 2016.

Joel B Smith et al. (ed.) , *Climate Change: Adaptive Capacity and Development*, London: Imprerial College Press, 2003.

Liu, Ho-Ching Lee, *China's Participation in the United Nations Framework Convention on Climate* Change, Ann Arobr, Mich.: UMI, 1998.

Mark J. Lacy, *Security and Climate Change: International Relations and the Limits of Realism*, London: Routledge, 2005.

Mattew Paterson, *Global Warming ad Global Politics*, London: Rutledge, 1996.

Michael B. Mcelroy et al., Energizing China: *Reconciling Environmental Protection and Economic Growth*, Cambridge: Harvard University press, 1998.

Norman J.Vig and Regina S. Axelrod (eds.) , *The Global Environment: Institutions, Law and Policy*, Washington: Congressional Quarterly Inc, 1999.

Oran R. Young, *International Governance: Protecting the Environment in a Stateless Sciety*, Ithaca and London: Cornell University Press, 1994.

Oran R.Young, *Institutional Dynamics: Emergent Patterns in International*

Evnironmental Governance, Cambridge: The MIT Press, 2010.

Oran R. Young（ed.）, *The Effectiveness of International Environmental Regimes: Causal Connection sand Behavioral Mechanisms*, Cambridge: MIT Press, 1999.

Peter Haas, *Saving the Mediterranean:The Politics of International Environmental Cooperation*, Cambridge: MIT Press, 1990.

Peter Kazenstein, Robert Keohane and Stephen Krasner, *Exploration and Contestation in the Study of World Politics*, Cambridge: MIT Press, 1999.

Paul G. Harris ed., *Global Warming and Eats Asia*, London: Routledge, 2003.

Rainer Walz and Joachim Schleich, *The Economics of Climate Change Policy*, Heidelberg: Physica-Verlag, 2009.

Robert O. Keohane and Joseph S. Nye, *Power and Interdependence（Third Edition）*, Peking: Peking University Press, 2004.

Russell Hardin, *Collective Action*, Baltimore: The Johns Hopkins University Press, 1982.

Samuel S. Kim, *China and World: Chinese Foreign Policy Faces the New Millennium*, Boulder: Westview Press, 1998.

Urs Luterbacher and Detlef F. Sprinz（eds.）, *International Relations and Global Climate Change*, Cambridge: MIT Press, 2001.

Uday Desai（ed.）, *Ecological Policy and Politics in Developing Countries*, NY: State University of New York, 1998.

Adrian Rauchfleisch & Mike S. Schäfer, "Climate Change Politics and the Role of China: a Window of Opportunity to Gain Soft Power?", *International Communication of Chinese Culture*, Vol.5, No.1-2, 2018.

Alexander Thompson, "Management Under Anarchy: The International Politics of Climate Change", *Climate Change*, Vol.78, 2006.

Alexander Wendt, "Anarchy is What States Make of it: The Social Construction of Power Politics", *International Organization*, Vol.46, No.2, 1992.

Andrew P. Cortell and James W. Davis, "How Do International Institutions Matter? The Domestic Impact of International Rules and Norms", *International Studies Quarterly*, Vol. 40, No. 4, 1996.

Bin Shui and Robert C. Harriss, "The Role of CO2 Embodiment in US–China Trade", *Energy Policy*, Vol.34, Issue18, 2006.

Carmen Richerzhagen and Imme Sholz, "China's Capacities for Mitigating Climate Change", *World Development*, Vol. 36, No.2, 2008.

Carsten Helm et al., "Measuring the Effectiveness of International Environmental Regimes", *Journal of Conflict Resolution*, Vol. 44, No. 5, 2000.

Cass R. Sunstein, "The World VS. the United States and China? -The Complex Climate Change Incentives of the Leading Greenhouse Gas Emitters", *UCLA Law Review*, Vol.55, 2008.

C.L. Weber et al., "The Contribution of Chinese Exports to Climate Change", *Energy Policy*, Vol. 36, Issue9, 2008.

Claire Breidenich et al., "The Kyoto Protocol to the United Nations Framework Convention on Climate Change", *The American Journal of International Law*, Vol. 92, No. 2, 1998.

Constantin Holzer and Haibin Zhang, "The Potentials and Limits of China–EU Cooperation on Climate Change and Energy Security", *Asia Europe Journal*, Vol.6, No.2, 2008.

Daniel Bodansky, "The United Nations Framework Convention on Climate Change: A Commentary", *Yale Journal of Inernational Law*, Vol. 18, 1993.

David Scott, "Environmental Issues as a 'Strategic' key in EU–China Relations", *Asia Europe Journal*, Vol.7, No.2, 2009.

David Belis, et al., "China, the United States and the European Union: Multiple Bilateralism and Prospects for a New Climate Change Diplomacy", *Carbon & Climate Law Review*, Vol.9, No.3, 2015.

Deborah E. Cooper, "The Kyoto Protocol and China: Global Warming's Sleep Giant", *Georgetown International Environmental Law Review*, Vol.11, 1998-1999.

Friedrich Kratochwil and John Ruggie, "International Organization: A State of the Art on an Art of the State", *International Organization*, Vol.40, No.4,1986.

Gorild Heggelund, "China's Climate Change Policy: Domestic and International Development", *Asian Perspective*, Vol. 31, No. 2, 2007.

Gørild Heggelund and Inga Fritzen Buan,"China in the Asia–Pacific Partnership: Consequences for UN Climate Change Mitigation Efforts?", *International Environmental Agreements*, Vol.9, No.3, 2009.

H. Vennemo et al., "Domestic Environmental Benefits of China's Energy-related CDM Potential", *Climate Change*, Vol.75, No.1-2, 2006.

Isabel Hilton and Oliver Kerr, "The Paris Agreement: China's 'New Normal' Role in International Climate Negotiations", *Climate Policy*, Vol. 17, No.1, 2017.

Ilaria Espa, "Climate, Energy and Trade in EU–China Relations: Synergy or Conflict?", *China-EU Law Journal*, Vol.6, No.1-2, 2018.

Martin Jänicke and Rüdiger K.W. Wurzel, "Leadership and Lesson-drawing in the European Union's Multilevel Climate Governance System", *Environmental Politics*, Vol.28, No.1, 2019.

Jahiel, A.R., "The Organization of Environmental Protection in China", *The China Quarterly*, No. 156, 1998.

Jeffrey McGee and Mc Ros Taplin, "The role of the Asia Pacific Partnership in Discursive Contestation of the International Climate Regime", *International Environmental Agreements*, Vol.9, 2009.

Joanna I. Lewis, "China's Strategic Priorities in International Climate Change Negotiations", *The Washington Quarterly*, Vol. 31, Issue1, 2007.

Joanna I. Lewis, "Climate change and Security: Examining China's Challenges in a Warming World", *International Affairs*, Vol.85, Issue 6, 2009.

Jonathan Schwartz, "Environmental NGOs in China: Roles and Limits", *Pacific Affairs*, Vol. 77, No.1, 2004.

Johannes Urpelainen & Thijs Van de Graaf, "United States Non-cooperation and the Paris agreement", *Climate Policy*, Vol.18, No.7, 2018.

John Mearsheimer, "The False Promise of International Institutions", *International Security*, Vol. 19, No. 3, 1994.

Jonathan B. Wiener, "Climate Change Policy and Policy Change in China", *UCLA Law Review*, Vol.55, 2008.

Koppel M., "The Effectiveness of Soft Law: First Insights from Comparing Legally Binding Agreements with Flexible Action Programs", *Georgetown International Environmental Law Review*, Vol.21, 2009.

Kristian Tangen, Gørild Heggelund and Jørund Buen, "China's Climate Change Positions: At a Turning Point?", *Energy & Environment*, Vol. 12, Nos. 2 & 3, 2001.

Kristian Tangen and Gørild Heggelund, "Will the Clean Development Mechanism be Effectively Implemented in China?", *Climate Policy*, Vol.3, No.3, 2003.

Lisa L. Martin and Beth A. Simmons, "Theories and Empirical Studies of International Institutions", *International Organization*, Vol.52, No.4, 1998.

Lester Ross, "China: Environmental Protection, Domestic Policy Trends,

Patterns of Participation in Regimes and Compliance with International Norms", *The China Quarterly*, No. 156, Special Issue: China's Environment ,1998.

Mans Nilsson, "International Regimes and Environmental Policy Integration: Introducing the Special Issue," *International Environmental Agreements*, Vol.9, No.4, 2009.

Martha Finnemore and Kathryn Sikkink, "International Norm Dynamics and Political Change", *International Organization*, Vol.52, No.4, 1998.

Matthew Paterson and Michael Grubb, "The International Politics of Climate Change", *International Affairs*, Vol. 68, No. 2, 1992.

Michael P. Vandenbergh, "Climate Change: The China Problem", *Southern California Law Review*, Vol.81, 2008.

Miriam Schröder, "The Construction of China's Climate Politics: Transnational NGOs and the Spiral Model of International Relations", *Cambridge Review of International Affairs*, Vol.21, No.4, 2008.

Miriam Schroeder, "Utilizing the Clean Development Mechanism for the Deployment of Renewable Energies in China", *Applied Energy*, Vol. 86, Issue 2, 2009.

Madani Kaveh, "Modeling International Climate Change Negotiations More Responsibly: Can Highly Simplified Game Theory Models Provide Reliable Policy Insights?", *Ecological Economics*, Vol.90, 2013.

Olav Schram Stokke, "The Interplay of International Regimes: Putting Effectiveness Theory to Work", FNI Report 14, Fridtj of Nansen Institute, Oslo, 2001.

Oran Yong, "The Politics of International Regime Formation", *International Organization*, Vol.43, No.3, 1989.

Ole Bruun, "China and the Global Environment: Learning from the Past, Anticipating the Future", *The China Journal*, Vol.66, 2011.

Paul G. Harris, "China's Paris Pledge on Climate Change: Inadequate and Irresponsible", *Journal of Environmental Studies and Sciences*, Vol.7, No.1, 2017.

Peter Gourevitch, "The Second Image Reversed: The International Sources of Domestic Politics", *International Organization*, Vol.32, Issue4, 1978.

Peter J. Katzenstein, Robert O. Keohane and Stephen D. Krasner, "International Organization and the Study of World Politics", *International Organization*, Vol. 52, No.4, 1998.

Peter Newell, Maxwell Boykoff, Emily Boyd, "The New Carbon Economy: Constitution, Governance and Contestation", *New Zealand Geographer*, Vol.69, No.1, 2012.

R. Brewster, "The Domestic Origins of International Agreements", *Virginia Journal of International Law*, Vol.44, 2003.

Robert O. Keohane and Joseph S. Nye, "Transgovernmental Relations and International Organizations", *World Politics*, Vol.27, No.1, 1974.

Robert Axelrod and Robert O. Keohane, "Achieving Cooperation under Anarchy: Strategies and Institutions", *World Politics*, Vol. 38, No. 1, 1985.

Robert O. Keohane, "International Institutions: Two Approaches", *International Studies Quarterly*, Vol. 32, No. 4, 1988.

Robert O. Keohane and Lisa L. Martin, "The Promise of Institutionalist Theory", *International Security*, Vol. 20, No. 1, 1995.

Robert O. Keohane, "International Institutions: Can Interdependence Work?", *Foreign Policy*, No. 110, Special Edition: Frontiers of Knowledge,1998.

Robert O. Keohane, "International Institutions: Two Approaches", *International Studies Quarterly*, Vol.32, 1998.

Suisheng Zhao, "Chinese Nationalism and its International Orientations", Political Science Quarterly, Vol. 115, No. 1, 2000.

Ted Hopf, "The Promise of Constructivism in International Relations Theory", *International Security*, Vol. 23, No. 1, Summer, 1998.

Valentina Bosetti, et al., "A Chinese Commitment to Commit: Can it Break the Negotiation Stall?", *Climatic Change*, Vol.97, No.1-2, 2009.

Xinyuan Dai, "Effectiveness of International Environmental Institutions", *Global Environmental Politics*, Vol.8, No.3, 2008.

Yong Deng, "The Chinese Conception of National Interests in International Relations", *The China Quarterly*, No. 154, 1998.

Yu Hongyuan, "International Institutions and Transformation of China's Decision-making on Climate Change Policy", *Chinese Journal of International Politics*, Vol.1, 2007.

Miranda Schreurs, "Multi-level Climate Governance in China", *Environmental Policy and Governance*, Vol.27, No.2, 2017.

Richard Brubaker, "China and the Climate Change Debate", *Thunderbird International Business Review*, Vol. 56, No. 2, 2014.

Robert O. Keohane, "The International Climate Regime without American Leadership", *Chinese Journal of Population Resources and Environment*, Vol.15, No.3, 2017.

Robert O. Keohane, "The Global Politics of Climate Change: Challenge for Political Science", *Political Science & Politics*, Vol.48, No.1, 2015.

Robert Y. Shum, "China, the United States, Bargaining, and Climate Change", *International Environmental Agreements: Politics, Law and Economics*, Vol.14, Issue 1, 2014.

Rüdiger K.W Wurzel et al., "Pioneers, Leaders and Followers in Multilevel and Polycentric Climate Governance", *Environmental Politics*, Vol.28, No.1, 2019.

Fabiana Barbi, "Governing Climate Change in China and Brazil: Mitigation Strategies", *Journal of Chinese Political Science*, Vol.21, No.3, 2016.

Sanna Kopra, China, "Great Power Management, and Climate Change: Negotiating Great Power Climate Responsibility in the UN", in *International Organization in the Anarchical Society*,T. Brems Knudsen, C. Navari (eds.), Palgrave Studies in International Relations book series (PSIR), 2018.

Z.X. Zhang, "Can China Afford to Commit Itself an Emissions Cap? An Economic and Political Analysis", *Energy Economics*, Vol.22, Issue 6, 2000.

Z.X. Zhang, "China, the United States and Technology Cooperation on Climate Control", *Environmental Science and Policy*, Vol.10, Issues7-8, 2007.

Z.X. Zhang, "The U.S. Proposed Carbon Tariffs, WTO Scrutiny and China's Responses", *International Economics and Economic Policy*, Vol.7, No.2-3, 2010.

责任编辑：刘海静

责任校队：张红霞

图书在版编目（CIP）数据

互动视域下中国参与国际气候制度建构研究／肖兰兰 著．—

北京：人民出版社，2019.8

ISBN 978－7－01－021089－6

I.①互… II.①肖… III.①气候变化－国际问题－研究 IV.①P467

中国版本图书馆 CIP 数据核字（2019）第 155621 号

互动视域下中国参与国际气候制度建构研究

HUDONG SHIYU XIA ZHONGGUO CANYU GUOJI QIHOU ZHIDU JIANGOU YANJIU

肖兰兰 著

人民出版社 出版发行

（100706 北京市东城区隆福寺街 99 号）

天津文林印务有限公司印刷 新华书店经销

2019 年 8 月第 1 版 2019 年 8 月北京第 1 次印刷

开本：710 毫米 × 1000 毫米 1/16 印张：14.5

字数：225 千字

ISBN 978－7－01－021089－6 定价：59.00 元

邮购地址 100706 北京市东城区隆福寺街 99 号

人民东方图书销售中心 电话（010）65250042 65289539